行家

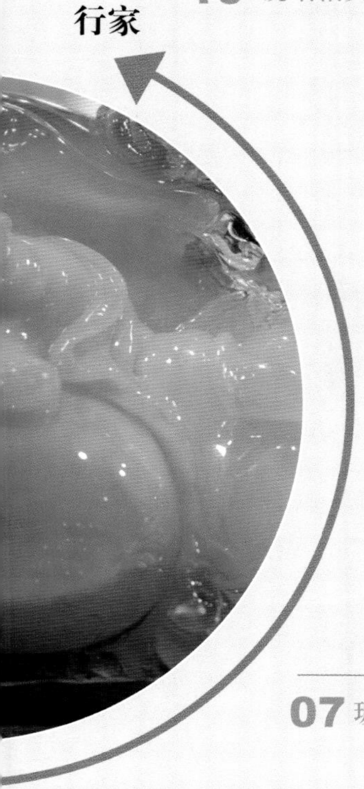

10 琥珀相关问题答疑

09 了解琥珀蜜蜡投资、收藏与选购

08 琥珀蜜蜡的市场行情分析

07 琥珀相似品的辨别

06 拒绝处理琥珀

PREFACE 前　言

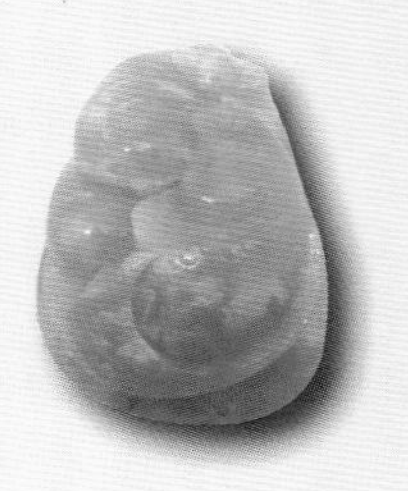

2013 ~ 2014 年被业界誉为琥珀年，在珠宝行业整体不景气的背景下，琥珀市场一枝独秀，不仅销量大，而且价格涨。在 2015 年珠宝展上，琥珀展台多，并且波兰、立陶宛等波罗的海周边国家琥珀商直接进入中国市场。欧洲的琥珀文化和中国的玉文化实现交融，琥珀市场火爆，但价格开始回归理性。琥珀是欧洲传统的宝石，是欧洲文化的一部分，欧洲人对琥珀的迷恋，如同中国人对玉的钟爱。现在中国消费者对琥珀的爱达到了前所未有的高度，且在继续。与此同时，琥珀原料逐步减少。压制琥珀、各种仿琥珀制品在市场上泛滥，琥珀市场是假货的重灾区。移动互联网的发展，网络营销、微信营销广泛开展，真假信息在市场上广泛流传。消费者需要权威、专业、系统的琥珀蜜蜡知识，本书由此而生。

本书编写中始终掌握一个原则，即向琥珀消费者介绍实用琥珀蜜蜡知识。“基础入门”部分的内容包括琥珀是何物、琥珀文化、形成、分类、产地和饰品，其中的琥珀分类、产地是最全、最贴合市场的。“鉴定技巧”部分介绍真假琥珀辨识、琥珀优化、琥珀处理和琥珀仿品及其鉴别，这一部分是本人特长，也是迄今最全面系统的琥珀鉴定内容。“淘宝实战”开始介绍琥珀来源、集散地、产量、需求量和价格行情。在淘宝实战部分虚拟了甲乙丙三个人，代表三类群体，笔者带领他们如何购买琥珀。这部分是消费者最关注的，也是其他琥珀书所没有的内容。“专家答疑”部分回答了消费者关注的有关琥珀蜜蜡方面的常见问题，可以说是权威、全面。

本书是在笔者前两版（2010年、2014年）琥珀书的基础上，结合笔者多年从事珠宝鉴定的经验，参考学习了许多琥珀行家的知识，按照系列图书提纲格式编写的。这里面包括中国地质大学亓利剑教授的研究讲座，台湾故宫珠宝专家陈夏生、留学乌克兰的琥珀资深收藏家李江颜、从事琥珀经营20多年的琥珀世家闫丽的相关书籍。编写本书期间受到天津地质研究院珠宝鉴定部、天津珠宝街、屈奋雄等大力支持。本书图片大多来自珠宝鉴定和珠宝展，大地世家朱蓓蓓提供了部分缅甸琥珀的图片。本书部分资料来自网友、专业琥珀网站、维基百科英文版，在此一并感谢。

CONTENTS 目录

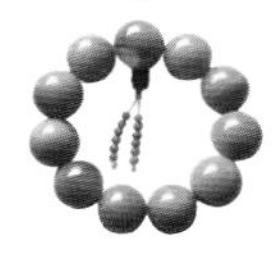

鉴定
技巧

淘宝实战

专家答疑

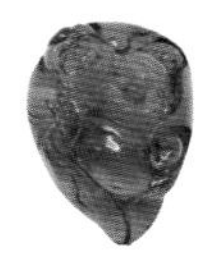

基础入门

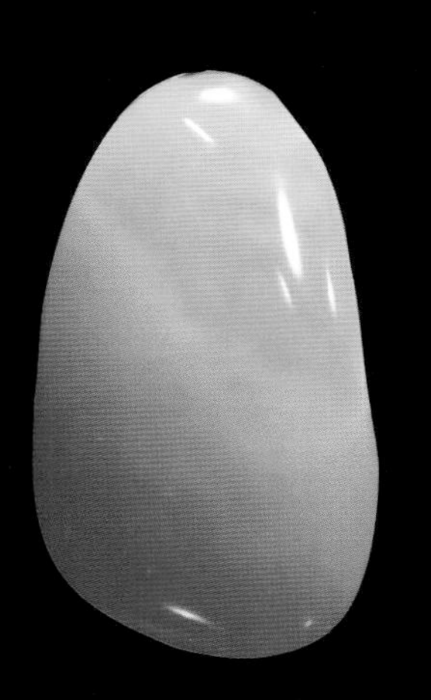

科学研究

揭开琥珀神秘面纱

琥珀到底是什么，琥珀是如何形成的，琥珀物理、化学特征是什么，琥珀的用途是什么。本节将以科学数据为依据，揭开琥珀的神秘面纱。

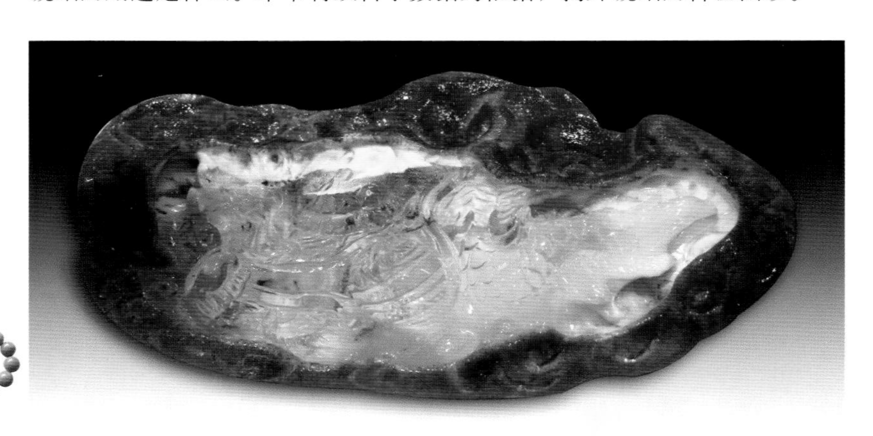

● 带皮琥珀雕件

何为琥珀

琥珀，英文名称 Amber，来自拉丁文 Ambrum，含义是“精髓”。什么是琥珀，简单地说琥珀是石化的树脂，是古代树脂或树液经过千万年以上长久埋藏在地层中逐渐石化而形成的有机宝石。琥珀是中生代白垩纪（始于 1.37 亿年前，结束于 6500 万年前）至新生代第三纪（距今 6500 万年至 180 万年）的松柏科或豆科植物树脂，经地质石化作用而形成的有机混合物或有机化石。这里强调了三个点，第一是时间，白垩纪至第三纪；第二是来自树木的树脂；第三要经历足够长的石化作用。现代树木的树脂或经过数百年的树脂都不能叫作琥珀。产于新西兰的柯巴树脂由于年限不

● 波兰琥珀原石手把件

原石长约 12 厘米，外皮氧化为红色，内部为黄色。

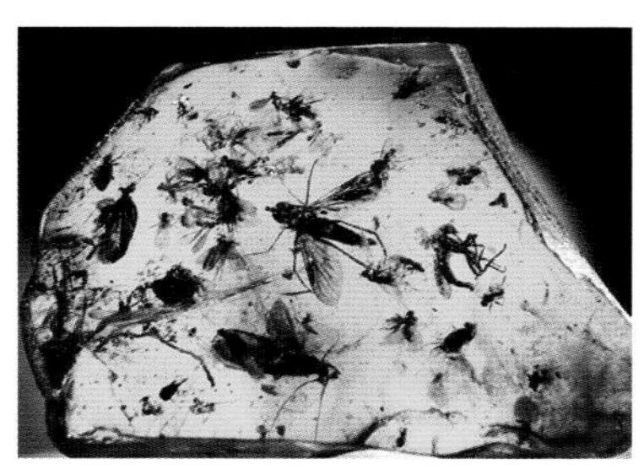

此块波罗的海虫珀包含众多大的昆虫，十分罕见。产自立陶宛。

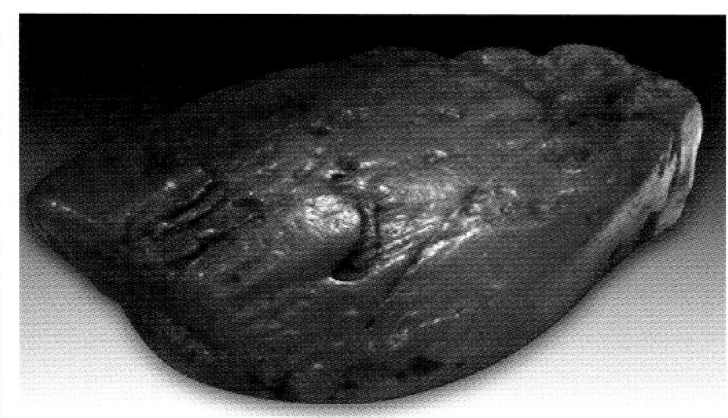

● 波兰琥珀原石

足，也不能称为琥珀。

我国现行珠宝玉石国家标准把自然界的珠宝玉石分为天然玉石、天然宝石、天然有机宝石，琥珀属于天然有机宝石的一个品种。琥珀不是我们通常所说的矿物，琥珀完全是由多种树脂酸组成的石化有机物。除了琥珀外，有机宝石还有珍珠、珊瑚、象牙、玳瑁、龟甲、贝壳和煤精等。

⊙ 琥珀的物理化学特征

成分：琥珀化学分子式为 $C_{10}H_{16}O$。琥珀主要元素构成为碳 78.6%、氢 10.5%、氧 10.5%，微量元素主要有铝、镁、钙、硅、铜、铁、锰等元素。主要成分为树脂酸和少量琥珀脂醇、琥珀油等物质，属典型的多组分混合且不易分解的有机化合物，含少量的硫化氢。不同产地和品种的琥珀组成有一定的差异。

熔点：琥珀的熔点 150 ~ 180℃，燃点 250 ~ 375℃。就是说琥珀在 150℃时开始变软，250℃时熔融，产生白色蒸气。琥珀熔化后产生的气体有一种芳香味。琥珀加热到 200℃以上开始分解，产生琥珀酸，余下黑色的残渣（成为琥珀松香）。琥珀不易与高温热源靠近。

产出形态：琥珀是一种非晶质体，能形成各种不同的外形。树木由于受伤或自我保护原因分泌的树脂或树液最初为液态，从树干滴落或流下，聚集为现在的各种形状，如结核状、瘤状、团块状或各种不规则形状等。有时琥珀呈水滴状或石钟乳状，好像从管道流出，形成残树下的“花托”。琥珀除了流入树外地面，还会流入树洞或裂缝中，形成不规则大琥珀块。表面可见一些树木年轮或放射状纹理，风化后表面呈砂糖状。原生琥珀矿被河流、海水冲刷搬运后再次聚集形成沉积矿，在冲积矿中琥珀常被磨成浑圆状砾石，砾石状的琥珀有一层不透明的氧化皮。琥珀由古树树脂石化形成，琥珀常常产于煤层中。

丹麦琥珀宫博物馆里收藏波罗的海琥珀原石，重达 10.478 千克。

● 琥珀原石

尺寸：10 厘米 ×10 厘米

原石皮色较深，体积较大，有一定收藏价值。

颜色：琥珀的颜色有浅

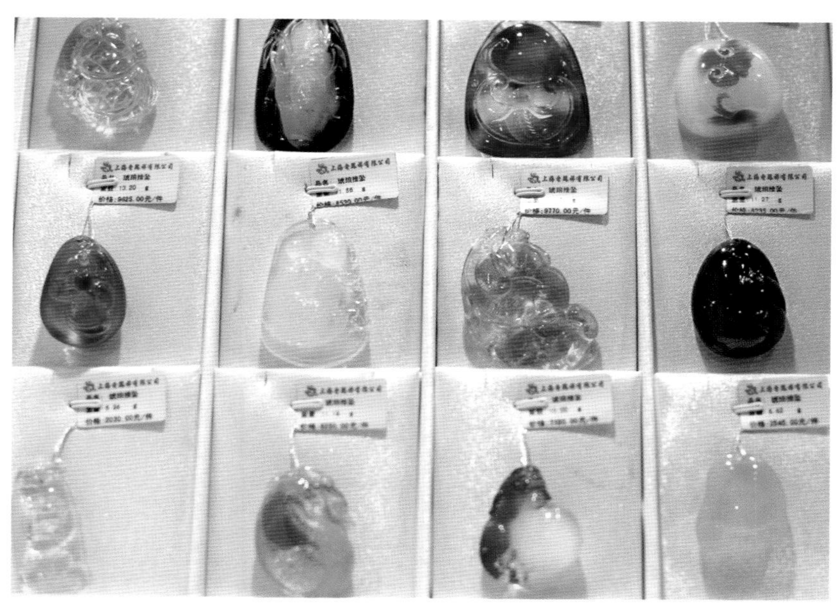

2014 年 11 月北京珠宝展上展出的各种颜色的琥珀挂件。

黄、蜜黄、黄至深褐色、橙色、红色、白色。少见绿色、淡紫色、蓝色。琥珀的颜色主要与所含的成分、琥珀的年代、形成时的温度等有关。当树脂从一个阴凉的部位流出的时候，最后所形成的琥珀会成为透明琥珀，因为这种情况下树脂内挥发分挥发得非常缓慢，不会产生大量小气泡而使琥珀变混浊，从而保持了透明的状态。琥珀受热颜色会加深，年代久远的琥珀因氧化颜色会加深，琥珀内部含有黄铁矿、围岩、泥土时颜色也会加深，腐殖土会分解大量的硫黄酸也会加深琥珀的颜色。火山附近的琥珀，受到土壤中的硫化物成分影响，有荧光特点，例如西西里岛靠近埃特纳火山的琥珀有荧光，是最具有代表性的。经长期佩戴后，淡黄色的琥珀会渐渐变深，而黄色琥珀又会渐渐带红色。经常可以看到一块琥珀上有两种或者两种以上的颜色及色调，有些可以形成自然的精美图案。正因如此，琥珀成为一种独特的富于变化魅力的宝石。

● 透明的琥珀块和不透明的蜜蜡项链

⊙ 琥珀的其他特征

光泽：琥珀原料为树脂光泽、蜡状光泽，有滑腻感，加工抛光后为树脂 - 玻璃光泽。

透明度：从透明到半透明、不透明都有。透明的带黄色调的琥珀被称为原色，因为新鲜的树脂就是这种颜色。所有琥珀中大约有10% 是这种透明琥珀，但是一般多数都是小块的，大而透明的琥珀是非常珍贵的。透明琥珀的色调可以从黄色到暗红色，颜色的深浅取决于氧化的程度，氧化程度越高，琥珀的颜色越深。

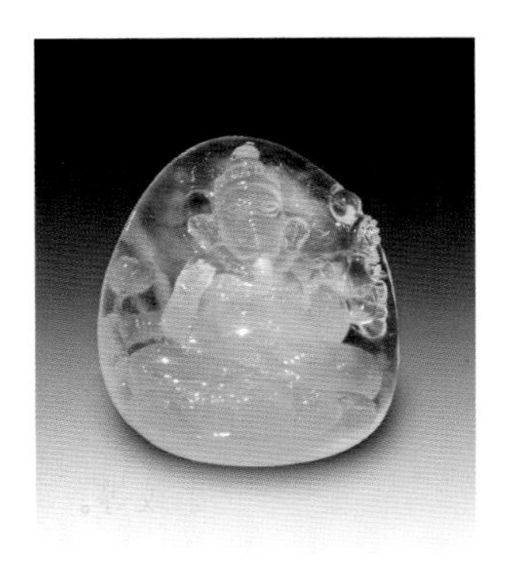

● 琥珀挂件

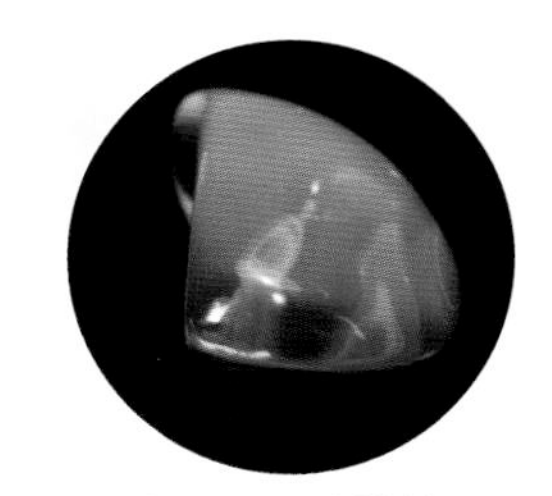

● 多米尼加蓝珀挂件

在荧光灯下观察，可见其绚丽的蓝色。

硬度：琥珀硬度低，摩氏硬度为 2 ～ 3，能被指甲划伤。多米尼加琥珀最软，缅甸琥珀因内部含有方解石，硬度稍大。

密度：琥珀密度为 1.08(+ 0.02，– 0.08) 克 / 厘米^3。在海水中漂浮。

比重：透明琥珀的比重较大，不透明琥珀的比重较小，带虫的琥珀比重更小。

折射率：琥珀为非晶体均质体，光线在琥珀内部呈各向同性的单折射，琥珀的折射率是 1.54，琥珀因此呈现出温润柔和的外观。

发光性：长波紫外线下具浅蓝白色及浅黄色、浅绿色、黄绿色至橙色荧光，从弱到强。

断口：琥珀呈贝壳状断口。

脆性：琥珀韧性差，外力撞击容易碎裂。

导电性：琥珀是有机质，是电和热的不良导体。琥珀摩擦产生电荷后不易流失，出现琥珀带电现象。所以，琥珀与绒布摩擦会产生静电，可把细小碎纸片吸起来。

导热性：琥珀的导热性差，所以琥珀不像其他宝石感觉发凉，而是有温感。

溶解性：琥珀易溶于硫酸和热的硝酸中，部分溶于酒精、汽油、乙醇和松节油中。琥珀由树脂和沥青类物质组成，树脂或多或少溶于酒精、乙醚和氯仿；沥青类物质则不溶。琥珀在松节油或亚麻籽油中溶解后产生琥珀漆。

包裹体：琥珀产于古森林区，内部常常包含有许多包裹物，主要有动物、植物等有机物，也有泥土、围岩，还有各种气液包裹体等。琥珀包含的动物包裹体主要有甲虫、苍蝇、蚊子、蜘蛛、蜻蜓、蚂蚁、马蜂等多种动物，这些动物或是完整的或是残肢碎片。植物包裹体有伞形松、种子、果实、树叶、草茎、树皮等植物碎片。琥珀中经常包含腐烂的有机质包裹体，使琥珀局部呈黑色斑点、条纹等。琥珀中的泥土、围岩包裹体在石化后常常变为矿

● 波罗的海琥珀

琥珀内部有细小的树枝及其他化石包裹体，丰富的内含物，讲述了一段人们不了解的历史。

物质，如方解石、黄铁矿、云母、黏土等，和煤伴生的琥珀常有煤的包裹物。琥珀内部常见气泡，少数气泡较多，绝大多数气泡非常小，其中蜜蜡中气泡最多。琥珀中还常见裂纹和孔洞，而且多被褐色的铁质和黑色的杂质充填。包裹体如果稀有、美观，琥珀会增值，如果包裹体多，杂乱、颜色不好看，会降低琥珀价值。杂质多的琥珀只能用于制作油漆，不能用于做珠宝。

琥珀是如何形成的

虽然在历史上，人类很早就发现并利用琥珀，但对琥珀为何物，琥珀如何形成，始终蒙着一层厚厚的面纱。唐代诗人韦应物在《咏琥珀》诗中道破了天机，“曾为老茯神，本是寒松液。蚊蚋落其中，千年犹可观”，生动地描述了琥珀的成因。到了近代，人类凭借科学知识和手段，真正揭开了琥珀的神秘面纱。

地质学研究表明，琥珀是松柏科或豆科植物的化石树脂。中生代白垩纪至新生代第三纪时期，地球上生长着许多松柏科植物，那时的气候温暖潮湿，这些树木含有大量液体树脂，这些树脂从树木里流淌下来落在地上。长期暴露在地表的树脂会自然降解，多数树脂已经不复存在。随着地壳的运动，那些原来是原始森林的大片陆地慢慢地变成湖泊或海洋没入水下，后来少量树木连同树脂一起被泥土等沉积物埋入地下深处。经过几千万年以上的地层压力和热力，并在地下发生了石化作用，树木中的碳质富集起来变成了煤，这时树脂的成分、结构和特征也发生了明显的变化，树木变成了煤，树脂石化为琥珀。

● 产在煤层中的抚顺琥珀

琥珀的用途

天然琥珀颜色、光泽美丽，质地好，易雕刻，从古至今都作为珠宝玉石的一种，当作雕刻材料，雕刻为各种物品，如珠宝首饰和各种雕件。琥珀提取物含有琥珀酸、琥珀脂醇、琥珀松香酸等，可以作为民间药品成分。《本草纲目》等古代书籍介绍，琥珀具有镇心明目、止血生肌、利水通淋的功效。国外用琥珀提取物做酒的增味剂，如阿瓜维特酒 akvavit。琥珀在适当的环境下加温，会产生琥珀油，用于制作有麝香味的口罩。琥珀提取物可以作为香水成分，现代香水通常不用琥珀作为原料，因为化石化的琥珀产生的芳香气味量很少，有些香水宣传有琥珀气味，其实更多只具有琥珀的颜色和光泽。在珠宝展上笔者曾看到外国人销售用琥珀提取物制作的化妆品。

● 琥珀眼霜

● 琥珀美颜膏 / 精油

2015 年 4 月，天津珠宝展销会上立陶宛商家售卖的琥珀产品。

琥珀内的有机包裹物，包括气液包裹体、昆虫、植物碎片等都具有科学研究的价值。含有生物的琥珀是研究地质年龄、远古生态环境的珍贵标本。琥珀中那栩栩如生的昆虫，不仅向人们展示史前大森林中的昆虫模样，还展示出亿万年来昆虫的演化过程，简直就是地球上一部古老的昆虫史书。还有传说研究者从一块 1.2 亿年前形成的琥珀中的一只象鼻虫身上提取出了到目前为止年代最长的脱氧核糖核酸分子。由于这一重大发现激发了科幻作家的创作灵感，创作出了科幻影片《侏罗纪公园》，幻想出灭绝物种恐龙的再生。

追述历史

了解琥珀文化与传说

琥珀具有悠久的文化历史，为什么说欧洲是琥珀文化而中国是玉文化。本节将向您介绍神秘琥珀有哪些文化现象。

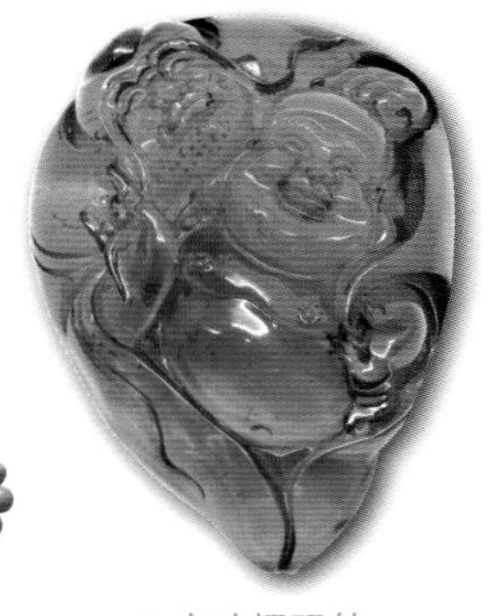

● 火珀把玩件

琥珀的别称

在中国，从古到今琥珀有过好几个不同的名称，如虎魄、琥珀、遗玉、光珠、江珠、顿牟、玉佩和红松香等。对琥珀的书面记载最早出现在公元前 770 ～ 220 年描述矿物原料的《山海经》中。最具有传奇色彩的传说是老虎的魂魄入地化作琥珀。明代的大药物学家李时珍也信以为真，他说：“虎死则精魄入地化为石，此物状似之，故谓之虎魄。”琥珀在拉丁语中的本意为精髓。琥珀晶莹剔透、色泽亮丽，是“波罗的海黄金”，被誉为“凝聚了时间的美丽”。欧洲人把漂浮海珀称为北国之金（Gold of the North）。德国人称琥珀为燃烧石（Bernstein），因为琥珀具有可燃性，可以烧火。在立陶宛语中，琥珀被称为 gintaras，意思是保护者。琥珀导热慢，摸上去不凉，很温暖，好像仍带着那个时代太阳的能量，因此又被称为“太阳石”。漫步在波罗的海的海边，有时会发现海浪带上岸的碎琥珀，因此琥珀又叫“海洋的眼泪”。

煤层中的琥珀，呈泪滴状，俗称煤黄。

千手观音琥珀雕件

琥珀应用历史、文化

琥珀作为珠宝最早见于13000年前的石器时代。最早的琥珀产品发现于旧石器时代的中期，被那个时期的部落用于各种琥珀饰品和护身符。公元前1600年，波罗的海沿岸居民甚至将琥珀当作货币使用。

● 琥珀随形项链

琥珀是欧洲文化的一部分，欧洲人喜爱琥珀，如同中国人爱玉。在欧洲，琥珀文化历史悠久而博大，有如中国玉文化。琥珀在欧洲有上万年的应用历史。欧洲早期琥珀制品大多与祭祀和太阳石崇拜有关。之后琥珀同黄金、钻石、宝石一样是皇家贵族的特权，古罗马贵族对琥珀非常迷恋。琥珀自古以来一直就是皇家、贵族、富绅争抢的财富。行宗教仪式时也使用琥珀。到了近代琥珀才进入欧洲普通人的生活中。这与中国的玉器经历的神玉、王玉和民玉三个阶段类似。

琥珀是欧洲的传统宝石，是欧洲文化的一部分。欧洲人认为佩戴琥珀的女人有品位，更高雅、智慧。古希腊人认为琥珀是海上飘来的太阳凝固而成，太阳从东方升起，坠入西方大海，太阳碎片凝固成琥珀。古代欧洲认为，琥珀具有神奇的力量，佩戴它可以驱走疾病和邪恶，带来好运甚至爱情，保佑武士在战斗中免于死亡，使人变得强大和聪明。据说，古罗马的妇女有将琥珀拿在手中的习惯，因为它在掌心里能发出一种淡淡的优雅的芳香。

● 波罗的海琥珀制作的国际象棋

经过在大自然中几千万年以上的演变而形成的琥珀，自古以来是欧洲贵族佩戴的传统饰品，琥珀成为一种身份的象征。琥珀的颜色深沉典雅、古朴含蓄，故在西方又有“低调贵族”的美誉。罗马人赋予琥珀极高的价值，据古罗马政治家普林尼记载，买一件琥珀小雕件比一名健壮的奴隶的价钱还高。

在欧洲琥珀都被视为吉祥物，象征快乐和长寿。琥珀也被作为情人间相互的信物，就像今天的钻石一样作为结婚的信物。欧洲人把琥珀看成长久爱情的保护石。传说古时候一位国王在新婚时将一串琥珀项链送给了自己的妻子，他们从此幸福地生活在一起。每当他们的子孙结婚时，国王就把这串项链上的一颗作为结婚礼物送与他们，果真子孙们的婚姻也都非常和睦幸福。

● 令人眼花的波兰琥珀项链

于是成为一种习俗，在新人婚礼上，人们常会赠送琥珀项链，相信琥珀有神奇的魔力，可保爱情天长地久。俄罗斯民间流传，琥珀可以给婴儿带来好运，所以当丈夫得知妻子怀有身孕，会赠送她一条琥珀项链。为新生的婴儿戴上琥珀辟邪，保佑他们健康地成长。

人们认为琥珀不仅可消治百病，还可保佑平安、祈求福运、荣华富贵，是经商聚财的吉祥物、护身符。中医中也有琥珀能够消痛镇惊的说法。俄罗斯加里宁格勒的“琥珀疗”仍是吸引旅游者的一大特色。在东方，人们相信琥珀芬芳的香味能增强人的灵魂，带给人们力量和勇气。古代善男信女都说西藏蜜蜡念珠因长时间在佛前受经，蕴藏着一种神奇力量。蜜蜡的磁场很强，因此随身佩戴可辟邪护身、安神、定惊、保平安，并有祛风湿，聚财之功效。

琥珀的文化传说

人类自从佩戴宝石以来，琥珀就是一种令人着迷而且独特的宝石。琥珀有很多美丽迷人的故事。远古时期，在一片原始的大森林中，烈日炎炎，没有一丝风，周围静得连鸟儿的叫声都听不到，好像时间和一切都是静止的，一只苍蝇懒洋洋地在树荫下休息着，闷热的天气让它喘不过气，但冥冥之中好像即将发生什么。就在这时，缓缓地，从树干上落下一滴金黄色的树脂，不偏不倚，落在了苍蝇的身上。黏黏的稠液粘住了它的双腿，让它挣扎不得。没多久，又有一滴树脂滴了下来，将苍蝇严实紧密地包裹在

● 波罗的海虫珀

此虫珀透明度极高，内部清晰可见一只长腿苍蝇。

了金黄、透明的固体中。阳光，依旧懒洋洋地照射着大地，周围依旧一片静悄悄。一切，都好像从未发生过一样。只有数千万年以后，有人发现，有一块美丽的琥珀，里面好像包裹着一只苍蝇。

● 抚顺煤黄

此煤黄中部包含一块体积较大的深色琥珀，其周围有众多小的琥珀豆，多为豆状、泪滴状。抚顺煤矿博物馆藏。

神秘、美丽、灵异又历史悠久的珍宝琥珀，有很多动人的传说和历史故事，引人遐想。在欧洲各国，特别是琥珀的故乡沿岸各国，自古就流传着关于琥珀的美丽传说。

传说中最多、最广泛的说法就是琥珀是由泪水变成的。

太阳神阿波罗之子法厄同驾驭由野马拖驶的太阳战车驰骋在太空，一天野马惊了，拖着太阳战车冲到了地球上，地球上燃起了熊熊大火，森林开始燃烧，陆地被烤干，法厄同也遇难了。后来，法厄同的三位妹妹下凡祭奠，由于她们整日整夜地哭泣，她们消瘦的身体开始生根，并长出了树皮。她们的手臂变成了树枝，最终变成了大树。而她们的泪水依然不停地流着，因为她们是太阳之女，所以泪水在阳光下变得坚硬，化为琥珀。

古希腊人认为太阳是从海中升起和落下，当太阳沉入海中时脱落的太阳碎片凝固形成了琥珀。所以琥珀被称为“海之金”。波罗的海地区传说琥珀是蜡制天使之泪。夜深人静了，美丽善良的蜡制天使从圣诞树上飞离，飞翔在波罗的海岸的岸边。当他看见骑士们在欺辱被俘的寡妇与孤儿时留下了同情的泪水，由于过度悲伤，他忘记了返回的时间。当太阳升起时，蜡制天使熔成一滴滴的蜡油掉到了波罗的海中，成为琥珀。波兰人认为琥珀是人们与诺亚在经历 40 天不间断的大雨后，流出的眼泪变成的。

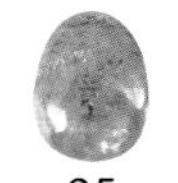

琥珀与宗教

琥珀最适合用来供佛灵修，在中国古代，琥珀常被用来制作念珠、护身符、祭神的供品。念珠过去是琥珀最主要的产品之一，时至今日宗教界乃至民间大量念珠都是琥珀制品。琥珀与金、银、珍珠、珊瑚、砗磲、琉璃一起列为佛教七宝。琥珀是佛家的吉祥之物，琥珀还被视为宗教圣物，认为其具有强大的辟邪化煞能量，手持琥珀能与天神交流，可以把愿望直接倾诉给自己的守护神，以便得到他的指引和保护。因此，长老等高级僧人的佛珠必有一粒是琥珀。据说台湾驰名的星云大师随身佩戴的佛珠也是琥珀。

西方古时候把它拿来当作除魔驱邪的道具，在藏传佛教中较为受重视，用来做念珠和护身符，有强大的辟邪趋吉功效。佩戴琥珀饰物能辟邪和消除强大负面能量，是经常外出人们保平安的最佳饰物。琥珀也用来制作皇室珠宝与庙堂圣器，琥珀被作为辟邪镇宅的灵物。汉高祖时期，皇宫里曾有两根玉柱尖端被镶上了琥珀与水晶，分别代表了日和月。

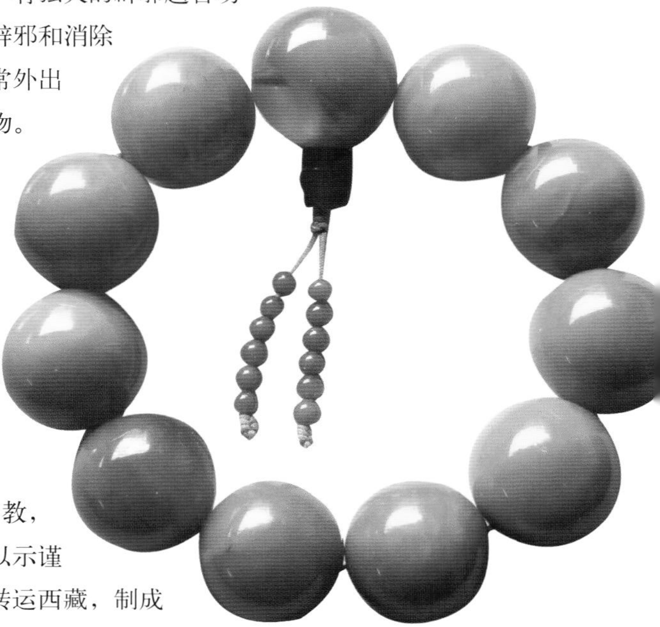

清朝以密宗为国教，帝王祭祀时皆佩朝珠以示谨慎，更大量搜购琥珀转运西藏，制成念珠，以用供佛。由于长年累月供奉佛前，受到香油灯火的热力，有些发出红宝石一样的闪光，有些爆出晶亮的金星，璀璨瑰丽，实为难得。

● 蜜蜡手串

琥珀文化现象

琥珀文化现象包括琥珀与星座、血型、生辰石、国石的联系。

⊙ 星座

白羊座（03/21 ～ 04/19）	金珀是白羊座的幸运宝石。白羊座情绪起伏较大、过于好动，金珀的定神静心作用，可以缓和白羊座火暴又爱支配他人、遇事冲动的个性。
金牛座（04/20 ～ 05/20）	金牛们在大多数的时候都会显得温厚柔顺。有着一股独特“稳”的气质，血珀激励其慢吞吞的个性，把脚步加快。
双子座（05/21 ～ 06/21）	天赋聪颖的双子座，纯净透明的明珀是陪伴双子座的最佳宝石，佩戴它会让人清爽舒畅，做事一帆风顺。
巨蟹座（06/22 ～ 07/22）	温和却有个性的巨蟹座，是属易被接受型人物。青苹果色的绿珀会让巨蟹座的人心胸开阔。
狮子座（07/23 ～ 08/22）	具领导能力的狮子座，黄色与红色渐变的琥珀是狮子座幸运的宝石。
处女座（08/23 ～ 09/22）	头脑理智过于谨慎，耀眼而妩媚的金珀是处女座的幸运宝石。
天秤座（09/23 ～ 10/22）	气质高雅，平和的心态才是天秤们最为重要的，蜡珀是天秤座的幸运石。
天蝎座（10/23 ～ 11/21）	个性倔强、诚实。绿珀会帮助其稳定情绪、提升灵性，事业有成。
射手座（11/22 ～ 12/21）	喜欢结交朋友的射手座，佩戴有积极性特征的红色琥珀，事业会一帆风顺。
摩羯座（12/22 ～ 01/19）	诚实、认真，但又过于保守，绿珀则是理想的陪伴宝石。
水瓶座（01/20 ～ 02/19）	水瓶们有些敏感、忧虑，行事之前想法过于周密。淡黄色其间夹杂白色的蜡珀是水瓶座的守护宝石。
双鱼座（02/19 ～ 03/18）	感情丰富，心地仁慈的双鱼座，搭配了耀眼而妩媚的金珀，让双鱼座运程更加辉煌。

⊙ 血型

A型血的人做事稳重、专注、要求完美，但有时会过分挑剔较真儿，适合佩戴明珀，有利于脑筋的灵活，它淡淡的颜色使A型人士更加自信，最终取得成功。

● 绿色琥珀胸坠

此块琥珀呈水滴状，晶莹剔透，十分美丽。

● 缅甸棕红珀吊坠

● 明珀玫瑰吊坠

● 金珀钱袋挂件

B型血的人个性活泼、开朗、热情，适合绿色琥珀或渐变颜色的琥珀，会使交际范围扩大。

O型血的人特征就是明朗、率真活泼。浅棕色至深棕色的琥珀具有良好的定神静心作用。

A B型血液的人通常很神秘，但却是个偏激易怒的人。金珀是陪伴A B型的最佳宝石。

⊙ 生辰石

宝石生辰石的使用，大约始于1562年的德国或波兰，现在已流行于全世界。除宝石自身的华贵外，人们还怀有某些迷信的美好信念，祝愿佩戴者吉祥、欢乐、幸运、长寿、向上。当朋友、情人、亲人之间互相馈赠生日礼物时，宝石就成了首选的物品。琥珀是十一月生辰石，人们相信琥珀的灵气能助长各个星座优势而消减劣势。

● 蜜蜡雕件

⊙ 国石

国石通常是一个国家的人们喜欢的，具有优异特性和重要价值，或在该国出产和加工方面具有特色的宝石或玉石，例如南非的钻石和斯里兰卡的猫眼石就被分别定为南非和斯里兰卡的国石。就像许多国家有国花和国鸟一样，目前世界上已有近40个国家有国石，中国目前还没有最后确定哪一种宝石为国石。不过，中国的和田玉质量好、品质高、历史悠久，应是国石的首选。水晶被日本、瑞士、瑞典和乌拉圭等国选为国石。

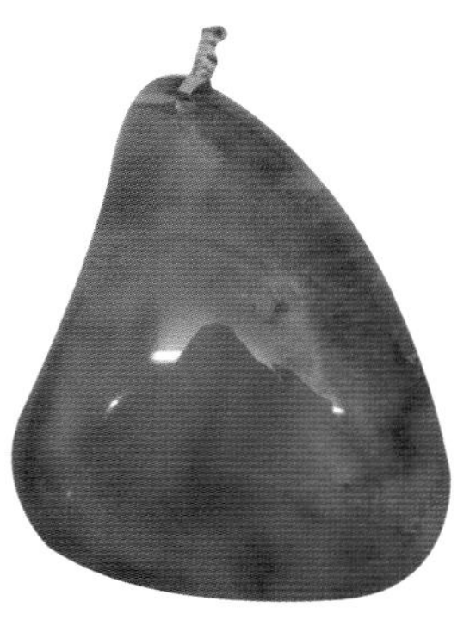

● 火珀吊坠

琥珀——德国、罗马尼亚的国石。琥珀通常为淡黄色或浅褐色，是松柏树树脂的化石，内部常常嵌埋有各种杂质甚至昆虫。琥珀的透明度越高、昆虫保存得越完整，琥珀也就越名贵。世界上许多国家都出产琥珀，但罗马尼亚人对琥珀情有独钟，把琥珀奉为国石。

● 血珀佛手雕件

⊙ 不同颜色琥珀的象征意义

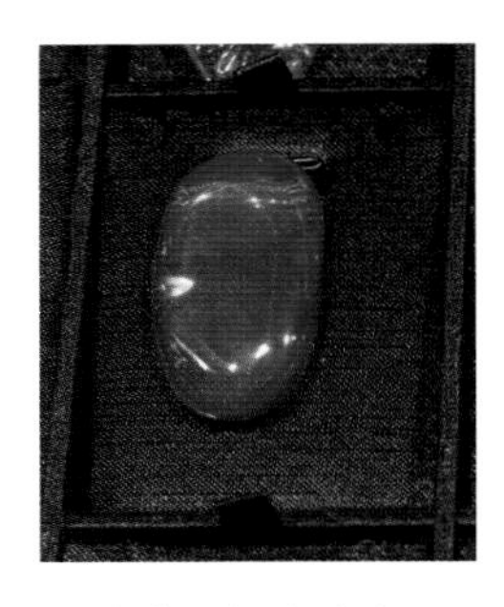
● 多米尼加蓝珀戒面

不论何种宝石，人们只要佩戴它，都会给人一个积极的心里暗示作用。不同颜色的宝石对人的暗示作用不同。琥珀品种颜色变化繁多，而不同色系的琥珀又有不同的象征意义。

金珀：金色的琥珀色彩雍容华贵，可以聚财，佩戴金珀可以带来财运和福气。

明珀：性格开朗、天性率真的女性佩戴明珀更显神清、机灵、娇嫩。

血珀：血珀格外的艳丽，佩戴血珀能增添人的气质，促进人体血液循环，滋润肌肤。具有辟邪的作用。血珀、翳珀、蜜蜡属于药珀。

蜜蜡：蜜蜡油润光洁，使人内心安宁，象征着信仰的期盼。

蓝珀：蓝精灵之珀，富有灵性，幽蓝的色泽如万千的思绪，能解开你的忧虑。

绿珀：幽远意绿的绿珀，有梦幻般的意念，象征自由、奔放和希望。

双色珀：两种颜色置于同一珀内却又不交会，给人明快之感，寓意着灵活清晰的思维。

● 白蜜蜡如意吊坠

● 算盘珠多色琥珀手链

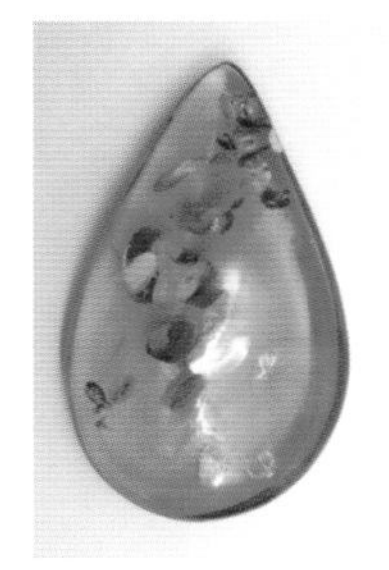
● 太阳花绿珀吊坠

辨别种类

观察颜色、净度、包裹体

早在明朝就有琥珀分类记载。明朝曹昭在文物鉴定专著《格古要论》中记载，出南番西番乃枫木之精液，多年化为琥珀。其色黄而明莹润泽，性若松香。色红而黄者谓之明珀，有香者谓之香珀，鹅黄色谓之蜡珀。现在琥珀分类有国家标准，行业中也有些约定俗成的分类，有些名称来自国外。

商业活动中为描述琥珀的特征和销售需求，分的类型更多、更细。这些分类虽不是国标，但在市场中经常用到，为方便消费者，我们也将在本书中介绍这些类型。琥珀分类主体是按透明度和颜色分类的，也按包裹体等内部特征分类。琥珀分类不是品种的分类，而是特征的分类，品种上都是一个品种——琥珀。当然琥珀还可以按照产地分类，在下一节介绍。

● 多米尼加蓝珀原石

国家标准对琥珀种类的划分

根据珠宝玉石名称国标（GB/T 16552—2010），琥珀属于有机宝石，分为蜜蜡、血珀、金珀、绿珀、蓝珀、虫珀、植物珀几个品种。每个品种的定义国标中没有说明。但在珠宝行业公认的权威书《系统宝石学》中有介绍，我们会在后面的分类中进行解释。国标中也按琥珀优化处理方式进行分类，分为天然琥珀、处理琥珀和再造琥珀等，天然琥珀中又分为未优化的纯天然琥珀和优化琥珀。

● 波罗的海虫珀吊坠

此吊坠体积较小，呈水滴状，内部有一只体形较大的长腿苍蝇。

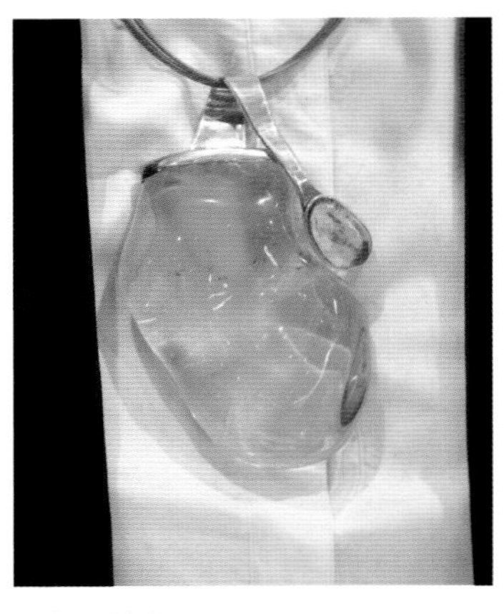

● 金珀挂件

此挂件为 2015 年 4 月北京琥珀展上展出的波兰琥珀。

● 招财进宝蜜蜡摆件

● 血珀雕件

按透明度分类

透明度是指珠宝玉石材料的透光程度，通常分为透明、半透明和不透明三级，对应的琥珀可以分别称为透明琥珀、半透明琥珀和不透明琥珀。透明琥珀不含或含少量分散的气泡。半透明琥珀内含气泡明显增多，有时气泡聚集，呈云雾状。不透明琥珀主要有两类，一类为黄色，一类为白色。黄色不透明琥珀每立方毫米大约能有 2500 个直径在 0.0025 ~ 0.05 毫米之间的微小气泡，白色不透明琥珀每立方毫米含的气泡数可以达到 1 百万个，直径在 0.001 ~ 0.0008 毫米之间。在国外白色琥珀又称为泡沫琥珀（Foamy Amber or Frothy Amber）。也有资料说，不同透明度琥珀所含琥珀酸不同，不过这一点没有得到证明。公认的是琥珀的透明度与内部杂质多少和微小气泡多少有关，气泡多、杂质多透明度就降低。

在国内，市场上通常按透明度把琥珀分为两类，透明的为琥珀，简称珀，不透明、半透明的为蜜蜡，简称蜜。而琥珀多为半透明，近两年国人喜欢蜜蜡，市场上琥珀多数被称为蜜蜡，只有透明度高的叫作琥珀。按照国标，蜜蜡属于琥珀的一个类别。

● 白色蜜蜡珠

● 金珀花形吊坠

● 带皮蜜蜡山子

按颜色分类

琥珀本色为黄色系，通常为黄色、橘色、棕黄色，也可以有淡柠檬黄到褐色，这是绝大多数琥珀的颜色。琥珀因为氧化或者包含有其他物质，也可呈现出其他颜色，如白色琥珀（White Amber）、红色琥珀（Red Amber）、绿珀（Green Amber）、蓝珀（Blue Amber），甚至有近乎黑色的琥珀，下面逐一介绍。

⊙ 黄色系的琥珀

1. 黄色琥珀。琥珀按颜色分类，多数琥珀呈黄色系，如浅黄、土黄、深黄、浅棕，透明至半透明。黄色系琥珀，如果没有特别出众的特征，这类琥珀都属于普通琥珀。对于普通黄色系琥珀，通常直接称之为琥珀。在市场中，如果琥珀黄得有特点或者有其他色系，则会给出相应的名字，如金珀、金绞蜜、明珀等。

● 蜜蜡壶形摆件

2.金珀、明珀、水珀。金珀是金黄色纯净透明的琥珀，特点是金灿灿如黄金的颜色，散发着金色光芒，透明度非常高。这类强调是金黄色，要黄得艳丽。国人喜欢黄金、喜欢金色，故商业中称之为金珀。黄色太浅或太深，光泽不够，纯度不够，都不应叫金珀。金珀是黄色系琥珀中最名贵的琥珀。国标有金珀这一品种，但未给出标准，即颜色黄到什么程度、透明到什么程度算金珀。这就给商家一个自由发挥的余地，许多商家把黄而不金的琥珀也称之为金珀，其实是否达到“金”色消费者自己心中有标准。也有人将颜色淡而透明的琥珀称为明珀。明乃明亮之意，明珀指黄色系琥珀中透明度好，颜色淡的琥珀。颜色比明珀更淡的称之为水珀，颜色极为淡雅，清澈如水，柔润透明，透明度高，杂质少，故得名为水珀。

● 金珀手串

● 明珀观音挂坠

金珀弥勒佛摆件

图片由艺畦坊提供。

3. 火珀、棕红珀。在黄色与红色之间有过渡色，火珀（Fire Amber）或叫 flame amber 就是其中的一种。火珀透明，颜色橘黄橘红、火红色或浓茶色，类似火焰色。市场上还有好多依据颜色分类琥珀。如杏黄色的琥珀叫杏珀。水黄色，细腻如油的称为鹅油珀。黄褐色颜色如泡好的茶水者叫茶珀。棕褐色、棕红色者称为棕红珀，是缅甸的代表琥珀。

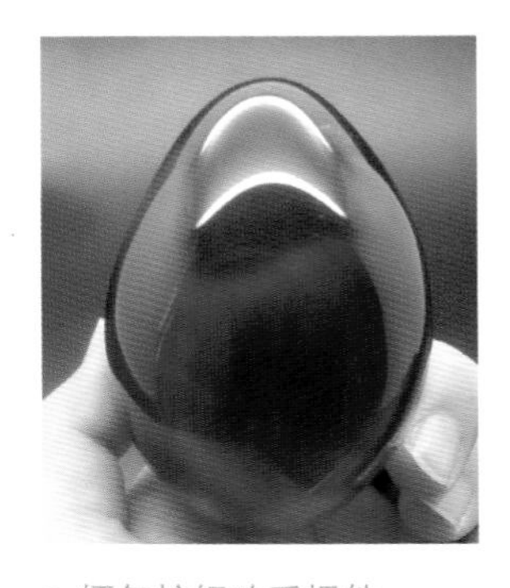

● 缅甸棕红珀手把件

图片由地大世家提供。

● 抚顺棕红珀

● 波兰火珀雕件

⊙ 红色系琥珀

1. 血珀、翳珀。红色的琥珀中颜色像血似的红色琥珀称之为血珀，市场上目前把红色系的琥珀都称为血珀。外观颜色很深，甚至为黑色，在强光下内部呈红色者称为翳珀，国外称黑琥珀（Black Amber）。外观几乎黑色，强光下也是深色，称为瓮珀（备注：瓮珀还有另一种解释，台湾陈夏生认为瓮珀为抚顺煤矿中与琥珀伴生的煤精）。当然血珀不会像鸡血石那样红，典型的红珀是酒红色，色泽醇厚，像红酒的颜色。

2. 樱桃珀、红松脂琥珀。其实琥珀的颜色很丰富。在国外，红色系琥珀中有一种被称为“樱桃珀”（Cherry Amber），颜色类似樱桃，比酒红色更为明亮，是缅甸琥珀的特产。淡红色，半透明且浑浊的琥珀，颜色像红松的称为红松脂珀。

● 血珀雕件

● 抚顺煤精

● 翳珀

翳珀在强光的照射下呈现出一定红色。图片由天津爱一珍宝提供。

⊙ 蓝色系琥珀

1. 蓝珀。蓝珀是黄色系、红色系琥珀在紫外线下呈现蓝色荧光的琥珀。通常在自然光下，蓝珀看起来并不是蓝色的，棕色有点紫。有的蓝珀在强光下甚至在普通光线也呈蓝色。转动蓝珀，在角度适当时，它会呈现蓝色，再变换角度时，蓝色又会消失。通常当主光源位于蓝珀后方透视照出时光线最蓝。但也有少数的蓝琥珀本身就是蓝色，含杂质较多的蓝琥珀的蓝色更为明显。蓝珀以产于中美洲的多米尼加而著名。蓝珀仅占琥珀总量的0.2%。顶级蓝珀清澈透明，呈湛蓝色，年产量很少，以千克计量，令部分琥珀爱好者陶醉和追捧，价格奇高。顶级蓝珀是当之无愧的琥珀之王。

● 缅甸金蓝珀观音

观音雕件在自然光下呈金色，在荧光下呈现蓝色。图片由地大世家提供。

2. 紫罗兰琥珀。缅甸发现的一种带紫色和蓝色的琥珀。颜色较深，内部包裹物多，在阳光及强光下显蓝紫色。

⊙ 绿色系琥珀

1. 绿珀。绿珀指呈现绿色调透明的琥珀。当琥珀中混有微小的植物残枝碎片或硫化铁矿物时，琥珀会显示绿色。绿色琥珀通常呈淡绿色、黄绿色。绿色琥珀很稀少，通常约占琥珀总量的 2%。绿色琥珀分为两种，一种是在自然光下就呈现出绿色，另一种与蓝珀类似，是在强光或紫外线下呈现为绿色，随着光线入射角度不同，绿色或明显或不明显，呈不均匀的变化状态。

2. 柳青珀。柳青珀是缅甸金珀中的一个变种，透明金珀反绿光，呈现为黄绿色。在白布下为绿色，在阳光下呈现黄色泛青泛红。

3. 双色琥珀、三色琥珀。指一块琥珀上有 2 种或 3 种颜色的琥珀。琥珀通常为单色的。

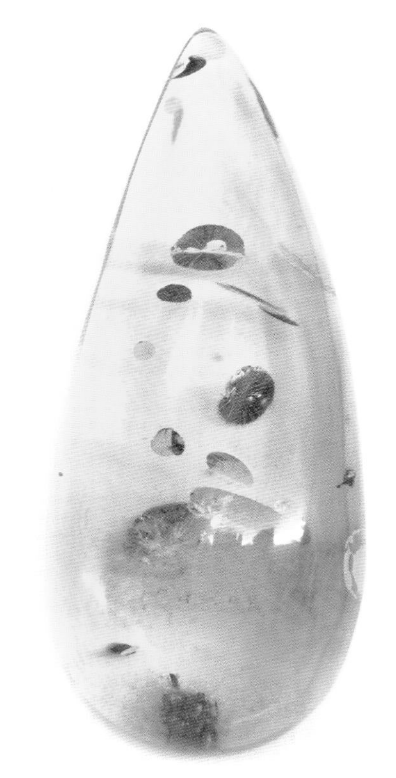

● 绿珀吊坠

此珀黄绿色，呈水滴形，透明度较高，内部含有太阳花，但花朵较小，且少。

● 墨西哥蓝珀挂件

本组挂件采用墨西哥蓝珀制成，但其蓝色不明显，实际更接近绿色，此为墨西歌蓝珀特点。

按包裹体、气味等特征的特殊分类

琥珀按包裹体分为虫珀、植物珀、水胆琥珀、灵珀、风景琥珀、花珀和根珀；按气味分为香珀和普通层琥珀。

⊙ 虫珀、植物珀

虫珀、植物珀是指含有动物、植物遗体的琥珀。但是，琥珀里的小昆虫是如何包在里面的？这是一个比较复杂同时又非常巧合的过程。当黏稠状的树脂沿着树干流淌下来，在树脂凝固之前，正好有昆虫在此飞翔盘旋，在无意的飞行过程中不留神被粘在树脂上，或者是昆虫闻到树脂的香味向这里飞来，本想美美地大餐一顿，结果被树脂粘住。接着树干上的树脂又沿着先前的路线流下来，昆虫耗尽所有力气进行挣扎，最终也没能逃脱黏糊糊的树脂，最后就成为琥珀中的昆虫。后来经过地质作用，早先的树木连同树脂一同被埋在地下，经过千万年的变迁，就是今天看到的虫珀。如果黏稠的树脂经过或粘连了植物碎片，经埋藏石化后就是植物珀。虫珀相比植物珀更为名贵些。不可思议的是有的琥珀中却含有水生的动物。树脂与水无法相溶，为什么琥珀中经常包含着微小的水生动物。德国柏林国家历史博物馆的专家说：数百万年前，许多树脂从远古松树林中落下，其中靠近池塘的松树落下的许多树脂都掉在池塘之中，这些树脂因无法与水相溶便漂浮在水面上。在池塘中栖息生存着许多微小的水生动物，如水蟒是一种在水中快速游动的生物，当它们快速穿过水面时，很容易接触到落在水面上的树脂，树脂的强黏合性将水蟒的身体很快粘住，水蟒越用力挣扎，

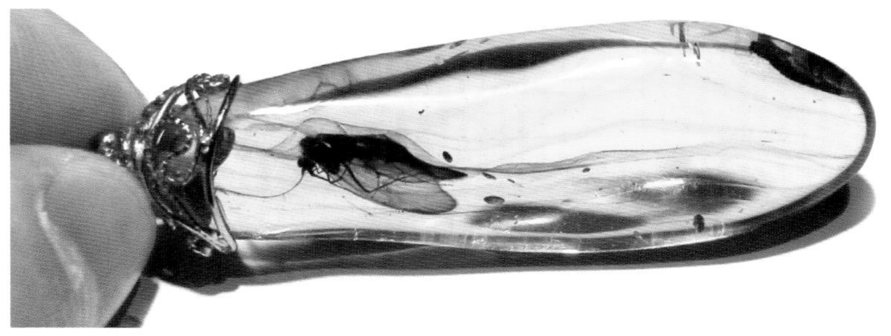

● 立陶宛虫珀吊坠

此虫珀颜色纯正浓郁，内部含有一只长腿苍蝇，清晰可见，整体透亮清澈。

树脂就越紧紧地将它包裹起来，最终水蟒在树脂的包裹下慢慢地死去，形成现在的含有水蟒的琥珀。虫珀中常见的昆虫有蚊蚋、蜘蛛、蚂蚁、伪蝎，以包含小的动物遗体如蜜蜂、蚊子、苍蝇等最为名贵，并有专门的名字“琥珀藏锋”、“琥珀藏蚊”、“琥珀苍蝇”。

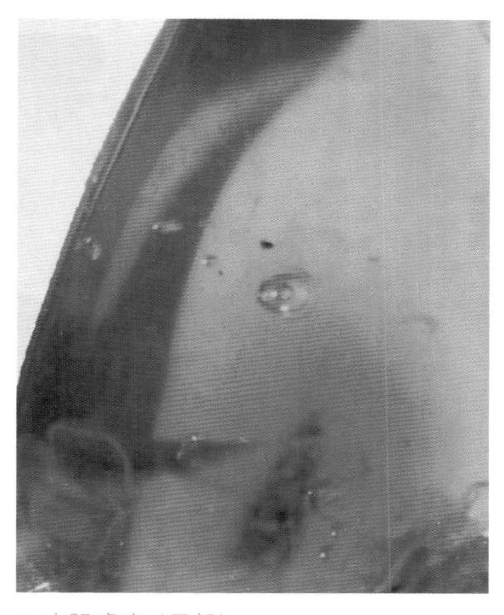

● 水胆琥珀（局部）

水胆琥珀内清晰可见椭圆形气泡内有圆形水珠。

⊙ 水胆琥珀

指内含水滴或气液包体的琥珀。水胆的水是琥珀形成时包裹到琥珀内部的，而不是后期作假注入的。

⊙ 灵珀

虫珀、植物珀和水胆琥珀合起来叫作灵珀，取其生命灵性之意，寓意含有生命痕迹的琥珀。

● 风景琥珀摆件

此琥珀内部含有气泡和植物残枝，色泽靓丽，透明度高。

⊙ 风景琥珀

透明琥珀表面抛光，看到琥珀内部或背面有如风景般好看的花纹或图案，这类琥珀有个好听的名字叫风景琥珀。风景琥珀图案是自然形成，每一块风景琥珀图案独一无二，图案由琥珀内部包裹体如矿物质构成，或者由琥珀表层风化面构成。

⊙ 花珀

花珀有两种含义。一种含义是透明琥珀内部有睡莲叶状花纹，类似花瓣状结构。这种花的形成是因为天然琥珀内部有气体包裹体，气泡在压力突然变化时发生炸裂，形成荷叶形状炸痕。炸痕有一个中心点，呈放射状，在金黄色的琥珀中花纹好似太阳光光芒照射，因此这种花称之为太阳花。由于这种花珀通体透明，睡莲叶花似冰花一样盛开在透明的琥珀中，行业中也称为冰花琥珀。冰花琥珀可以根据花瓣的颜色进一步分为金花珀、红花珀和杂色花珀。红花即花的颜色是红褐色的，红色是因为“花”形成时受到氧化，颜色变深。金花即花的颜色同琥珀的颜色，是金黄色的，“花”形成时没有氧化。杂色花珀即花的颜色有多种，即有金色有红色。太阳花琥珀的形成有天然形成和优化形成两种。

另一种含义是指抚顺花珀。抚顺花珀是抚顺特有的一种花纹琥珀，是一块琥珀内部有两种或多种颜色，颜色分布不均匀的琥珀。抚顺花珀和缅甸根珀外观有相似之处，也有人认为是一种东

● 人工爆花琥珀挂件

● 天然太阳花琥珀手串（局部）

琥珀珠直径 16 毫米，中间琥珀中中含有天然形成的罕见的大太阳花。

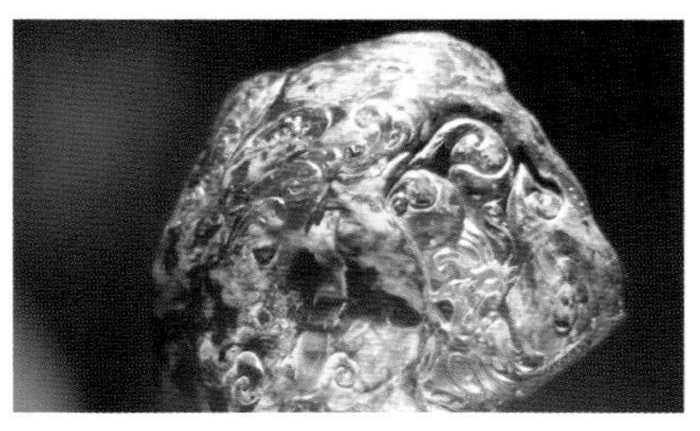

● “石破惊天”琥珀雕件

此雕件由抚顺花珀经过精心雕琢而成，表面精雕龙凤图案，配以花珀独特的颜色好似龙凤在云间飞舞。抚顺煤矿博物馆收藏。

西，只是产地不同、名称不同而已。也有人理解花珀为琥珀中含有花的琥珀，如琥珀中含有植物花朵、树叶等，不过这种应该属于植物珀，称之为花珀不恰当。

● 缅甸根珀桶珠（局部）

此桶珠珠粒形状规整，光泽油润，花纹自然。

⊙ 根珀

根珀（Root Amber）是缅甸琥珀中产量不高的一个品种，也是缅甸琥珀中唯一不透明的品种，有的地方叫“珀根”，外观与抚顺花珀类似。根珀属于不透明琥珀，含有少量微晶状方解石、石英、云母或有机杂质等成分，颜色呈灰黄色、褐黄色、白色等，外观特征有不规则流纹，通常呈深棕色、白色、乳黄色、棕黄色、黑褐色交错的纹理，这些纹理经过抛光后可以很美丽。如果纹理中有金黄色的蜜蜡，称之为根珀带蜜；含方解石多呈白色，为白根珀。也有观点说根珀是一种混合有树叶、泥土的琥珀，外观似石头，颜色黑、褐、白相间。

缅甸根珀根据颜色构成，可进一步分为：

白根珀：白色花纹为主，少量黑色、褐色花纹。

黑根珀：黑色花纹为主，少量白色、褐色花纹。

雀脑：黑白或黑褐相间，二者比例相近。

根珀与琥珀相间的构成半根半珀。

根珀的品质不同价格相差很大，通常根珀价格不高。根珀中白根珀和蜜根最为受欢迎，纹理好看价格也相对高些，适合做雕刻材料。根珀比其他的琥珀密度高，在饱和盐水中会下沉。在紫光灯下根珀的荧光很弱，呈淡黄到黄褐色。缅甸根珀是唯一能与抚顺花珀媲美的，近年来越来越多的收藏家在收集这个品种。根珀是硬度最高的琥珀，可以达到摩氏硬度3～3.5。根珀硬度高，纹理好看，根珀本身的花纹和纹理自然形成，有出奇的美感，根珀十分适合做巧雕，常作为巧雕的材质创作出好的艺术品。

⊙ 香珀

一般指具有松香香味的琥珀，香是含有芳香族物质，英文名称Fragrant Amber。香珀用力摩擦就会发散出清香味道，普通的琥珀只有钻孔的时候才有香味。

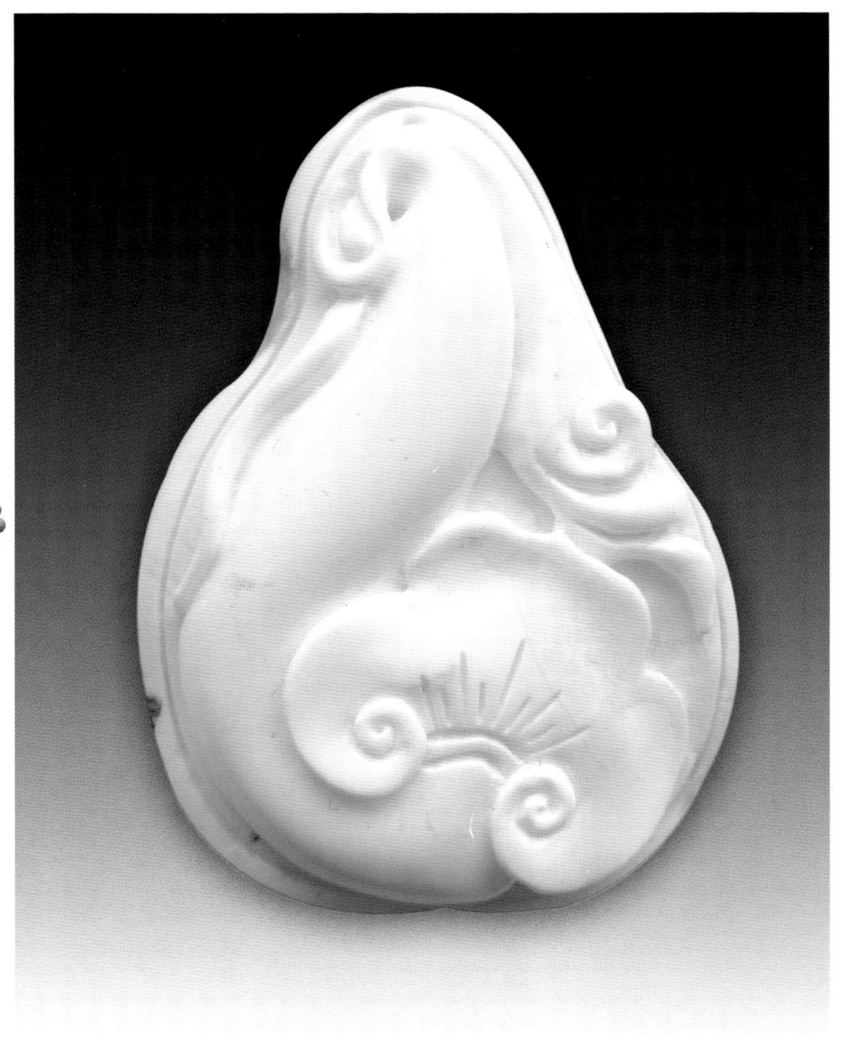

● 白琥珀如意挂件

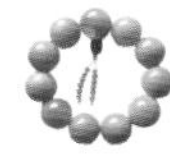

⊙ 石珀、半石珀

指有一定的石化，硬度比其他琥珀大，色黄而坚润的琥珀，或者理解为介于琥珀与岩石之间的东西。

⊙ 分层琥珀

指琥珀内部有分界线把琥珀分为多层，每一层形成或凝固时间不同，先形成底层的琥珀，表面半干，或有灰尘覆盖表面，然后第二层琥珀形成，如此反复，形成分层琥珀。分层琥珀层与层之间有时粘黏不够结实，易从分层处分开或劈开。分层琥珀是按外观特征的分类，与我们常见的不分层的“块状琥珀”对应。

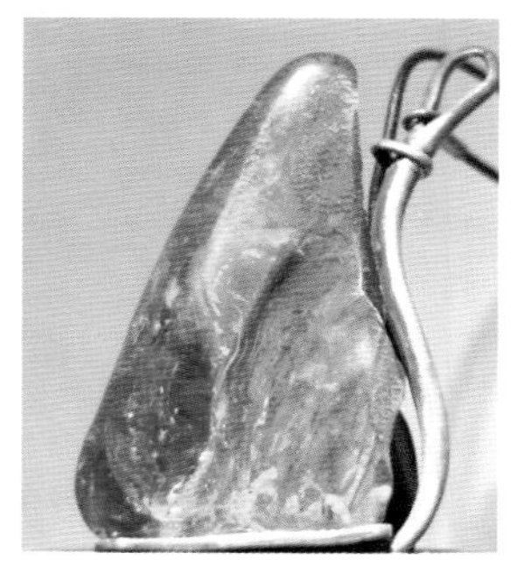

● 抚顺分层琥珀原石

可以从此原石表面明显看到分层现象。抚顺煤矿博物馆收藏。

● 抚顺石珀雕件

此雕件小巧秀丽，利用石珀的特性雕刻出适合的纹饰。抚顺煤矿博物馆收藏。

● 红蜡珀蜥蜴雕件

此雕件利用蜡珀的颜色特征雕刻一只蜥蜴伏于叶片上，工艺精细，形象逼真。抚顺煤矿博物馆收藏。

蜜蜡的分类

商业市场中蜜蜡可根据颜色分为黄蜜蜡和白蜜蜡，根据蜜蜡和琥珀的多少分为蜜蜡和半珀半蜜，蜜蜡还有新老蜜蜡之分。因为缅甸根珀、抚顺矿珀也不透明，也有人将其称为矿珀蜜蜡。过去还有一种名称“蜡珀”，其实就是蜜蜡。

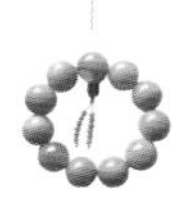

⊙ 黄蜜蜡

蜜蜡为不透明至半透明的黄色为主色调的琥珀，好的蜜蜡应该是颜色如蜂蜜、光泽如蜡。蜜蜡的特点：蜜蜡是不透明至半透明的琥珀。蜜蜡可以有多种颜色，其中金黄色、棕黄色、蛋黄色等黄色最为普遍。蜜蜡有蜡状感，光泽以蜡状光泽－树脂光泽为主，也有玻璃光泽的。蜜蜡有时呈现出玛瑙一样的花纹。黄蜜蜡色如蜜，光如蜡，艳丽而不俗气，优雅润泽，受到国人喜爱。黄蜜蜡中颜色亮黄，色如鸡油者称为鸡油黄蜜蜡，颜色黄如菠萝的蜜蜡叫菠萝蜜。黄蜜蜡不透明至半透明是由于琥珀内部含有大量的气泡，当光线照射时，其中的气泡将光线散射，使琥珀呈现不透明的黄色。这种琥珀中每立方毫米大约能有 2500 个直径在 0.0025 ~ 0.05 毫米的微小气泡。

● 蜜蜡挂件

⊙ 金绞蜜、金包蜜、金带蜜

金珀和蜜蜡常常在一起。如果金珀中间包一块或多块蜜蜡称之为金包蜜，商业中也有人称之为珍珠蜜、鸡蛋蜜，因为其外观像琥珀内部包一个珍珠或者鸡蛋黄。如果金珀和蜜蜡相互绞缠在一起形成一种绞缠状花纹，称之为金绞蜜，如果蜜蜡颜色深一些叫金丝种老蜜蜡。如果金珀和蜜蜡构成的形态没有什么特别，就称之为金带蜜。

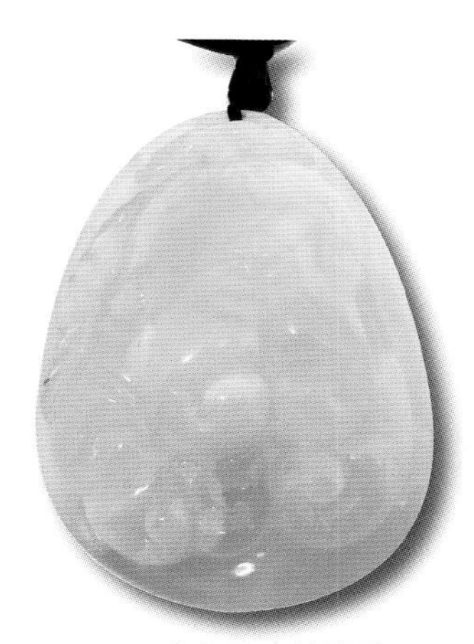

● 金包蜜蜜蜡挂件

⊙ 白蜜蜡、骨珀

白色系琥珀颜色有纯白色、奶白色、奶黄色、象牙白、骨白或黄白相间，产量较少，约占总量的 1% ~ 2%，商业中称之为白蜜蜡、骨珀。这种琥珀每立方毫米含的气泡数可以达到 1 百万个，直径在 0.0008 ~ 0.001 毫米，由于对光的散射从而使琥珀变成白色。其实白蜡和骨珀还是有所区别的。骨珀（Bony Amber）不透明，色白，常有黄色调，蜡状光泽不明显，外观非常像骨头的颜色和质地，维基百科中描述白色的骨珀呈云雾状不透明，内含大量气泡。而白色、黄白色半透明或不透明，常具有蜡状光泽，国内市场称之为白蜜蜡，简称白蜡。类似的琥珀在国外叫皇家白琥珀（Royal White Amber）。质量好的白蜜蜡，色白，质地细密，色如象牙者称为象牙白蜜蜡。好的白蜜蜡价格比

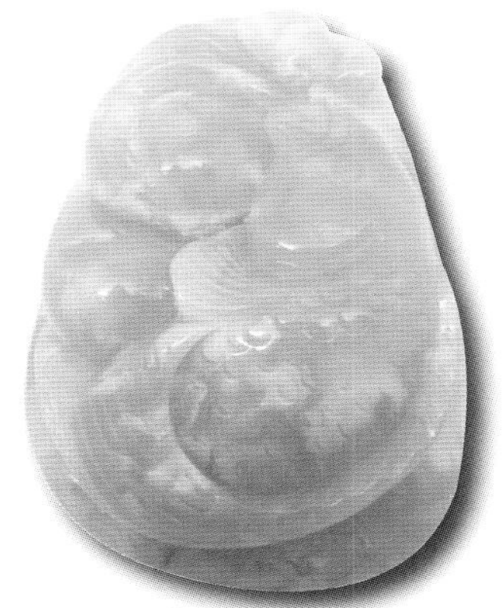

● 金绞蜜蜜蜡雕件

● 白蜜蜡挂件

普通黄色蜜蜡还贵，价格高1/3到数倍。差的骨珀表面干，没有珠宝的光泽，质地松软，不易抛光，通常不能用于雕刻和车珠子，国外认为是品质比较低等级的琥珀，价格也相对较低。

波罗的海产的许多白蜜蜡香味比普通琥珀更浓，为松香香味，闻起来清凉幽香，也称为香珀、香蜜。多数白蜜蜡轻轻摩擦就会有香味产生，而普通琥珀或蜜蜡在经过燃烧或强烈摩擦受热（如钻孔）时才发出香味。

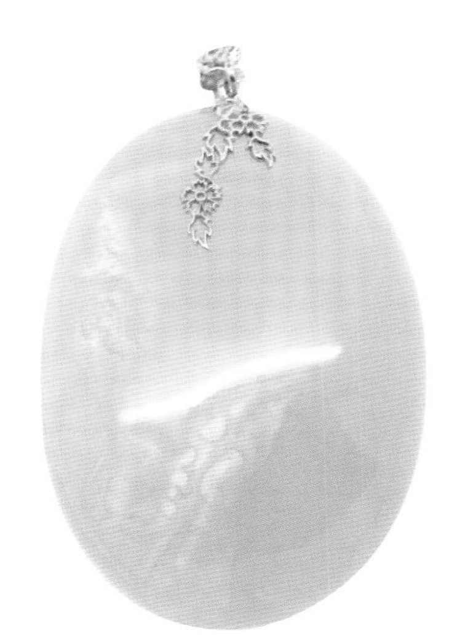

● 半蜜半珀挂件

⊙ 白花密

白琥珀可以与多种颜色的琥珀伴生(例如黄色、黑色、蓝色、绿色)，形成美丽的图案。如果白色琥珀与黄色蜜蜡混合在一起，蜜蜡上面有白琥珀，可以称为白花蜜，在乌克兰、俄罗斯和波罗的海盛产白花蜜。

⊙ 半蜜半珀

一块琥珀中既有透明的琥珀又有不透明的蜜蜡称之为半蜜半珀。金绞蜜、金包蜜、金带蜜是半蜜半珀中好的类型。也有人将半透明的琥珀称为半蜜半珀。笔者认为前一种解释更贴切些。

● 半珀半蜜手串

⊙ 新蜜蜡、老蜜蜡

● 老蜜蜡手串

● 老蜜蜡平安扣

新蜜蜡、老蜜蜡有两种划分方法，一种是按年代，一种是按颜色深浅。按年代：现代新开采加工的蜜蜡为新蜜蜡，有数十年、数百年以上流通历史的蜜蜡为老蜜蜡。但现在商业习惯中也按颜色区分新老蜜蜡，浅黄色系列的蜜蜡为新蜜蜡，深色系列（橘黄、橘红、深褐色）的蜜蜡为老蜜蜡。蜜蜡开采出来去皮抛光后几乎都是颜色较浅的新蜜蜡，浅色的新蜜蜡开采出来后表面开始氧化，颜色会逐步变深，在人们手上把玩数十年、上百年，都会发生不同程度的氧化，其颜色都会随时间推移逐步加深，市面上常见的年代久远的老蜜蜡几乎都是蜜蜡表皮发生氧化反应颜色变深而成为老蜜蜡的。老蜜蜡颜色深，并不是因为其本身就是深色，而是后期氧化反应的结果，氧化反应的程度不同，蜜蜡颜色的深浅不同。

新蜜蜡流通时间短。但老蜜蜡却不一定流通时间长。因为蜜蜡优化技术，新蜜蜡可以通过加热、烤色工艺，加速氧化过程，颜色变深后上市销售，市场上销售的老蜜蜡多数属于这种。有数十年、数百年流通历史的老蜜蜡在市场上有，但都在收藏家手中，通常不会轻易销售。古代文化理念、加工技术与现代不同，老蜜蜡造型多为盘珠、桶珠、扁珠和雕件，既具有岁月的痕迹（如氧化、包浆，表面龟裂纹或脱落层），又具有传统工具加工的特征。

按优化处理方式分类

总部设在波兰格但斯克的国际琥珀协会，根据琥珀加工方式，把波罗的海琥珀（Baltic Amber）分为四类。

⊙ 天然琥珀

天然产出的琥珀仅经过简单的机械加工（如切割、打磨、抛光、雕刻等），加工过程没有改变琥珀自然性质。

● 波兰琥珀雕件

⊙ 优化琥珀

天然琥珀经过热或者高压处理，改变了琥珀的物理性质，如透明度的改变、颜色的改变、形状的改变。

● 经过净化的琥珀弥勒挂坠

⊙ 黏合琥珀或复合琥珀

两块或者多块天然琥珀用无色黏合剂黏合在一起形成大的琥珀。

⊙ 再造琥珀

琥珀碎块、粉末，不添加其他物质，经过高温高压融合在一起，也叫压制琥珀(Pressed Amber，Ambroid)。

这四种琥珀在我国同样存在，根据我国国家标准，前两种都属于天然琥珀，即老百姓说的属于真的，在鉴定时可以直接命名为琥珀。后两种属于处理琥珀，即老百姓讲的作假的琥珀，销售时需要说明。优化是可以被市场接受的技术手段，处理是不可被市场接受的技术手段。同样外观的琥珀，第一类的最贵，这类琥珀没有经过优化就达到了自然美，是琥珀收藏者追求的类别。第二类优化的琥珀价格要低些。第三类拼合琥珀价格要低得多。第四类再生琥珀，也叫二代琥珀，属于合成品，已经不属于天然宝石的范畴，价格很低很低。现在市面上许多二代琥珀，在加工时进行了染色，有的甚至添加了其他材料。

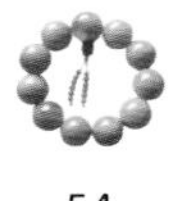

● 再造琥珀

国外其他琥珀类型或名称

琥珀来源于国外，外文资料或出国购买琥珀时可能会遇到一些特有名称，这些名称与按国内琥珀文化命名的琥珀不同。

⊙ 宝石琥珀（Gem Amber）

宝石琥珀，指浅黄色透明的琥珀，能做首饰戒面。有人认为宝石琥珀就是我们的明珀。其实Gem翻译为宝石，国外指能作为首饰如戒面的宝石。通常只有质量足够好的宝石才用于做珠宝的首饰。Gem Amber应该指质量最好的戒面琥珀。

⊙ 蜜蜡（Honey Amber）

蜜蜡，蜂蜜珀，指颜色像蜂蜜的琥珀，应该和我们国内的蜜蜡对应。

⊙ 云雾琥珀（Clouded Amber）

云雾琥珀，指琥珀中含有少许不透明的区域（含有气泡），像是天空中飘了几朵云。

⊙ 星云琥珀（Nebular Amber）

星云琥珀，指琥珀中含有多个不透明区域，呈星云状。

⊙ 羊毛琥珀（Woolly Amber）

羊毛琥珀，琥珀不透明部分遍布整个琥珀块，内部呈羊毛状。

⊙ 卷心菜琥珀（Cabbage leaf Amber）

卷芯菜琥珀，指黄色琥珀中含有白色或浅黄色纹理，纹理像卷心菜状。

⊙ 补丁琥珀（Patchy Amber）

补丁琥珀，琥珀内部有黄色或白色块。

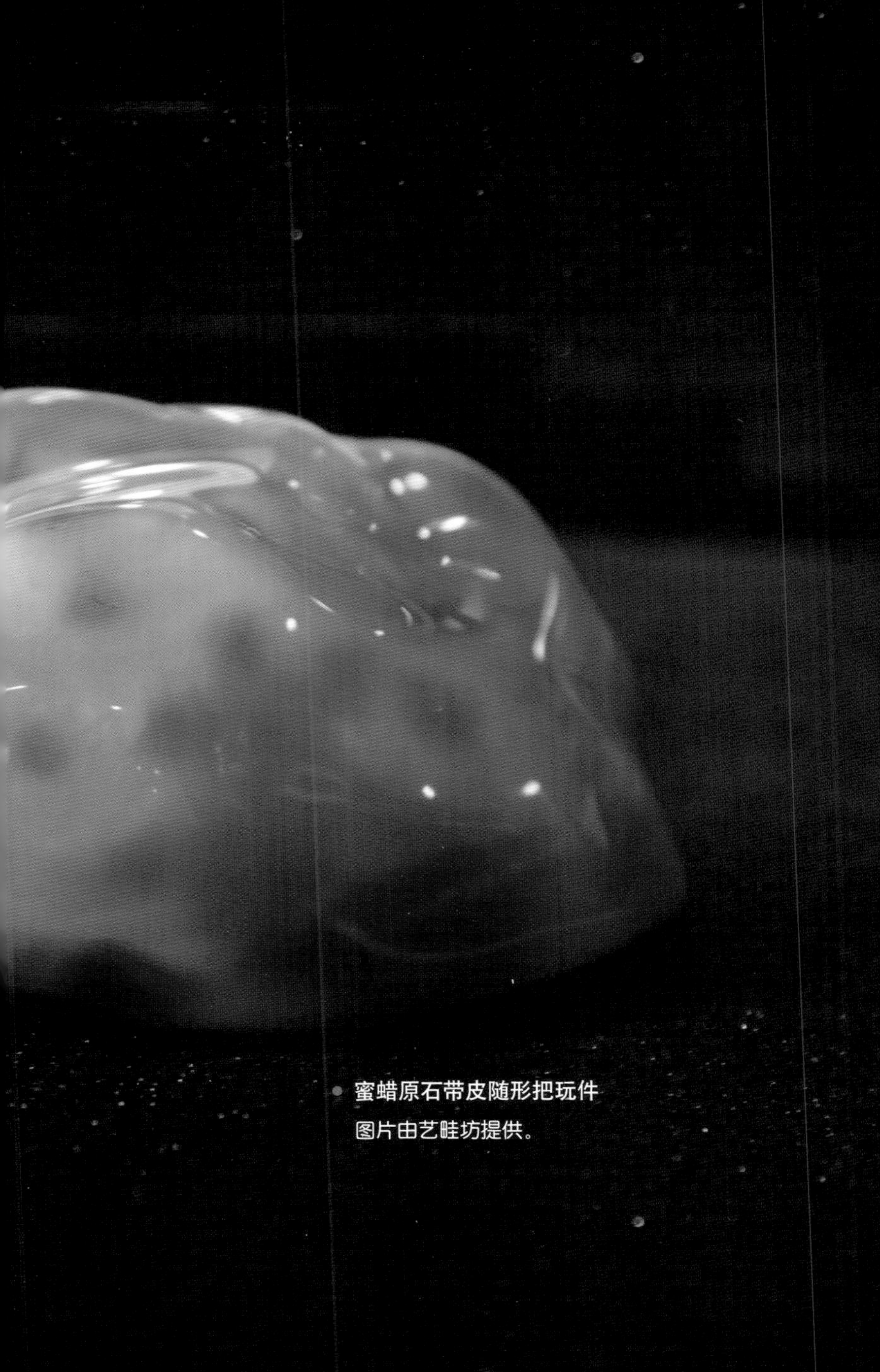

蜜蜡原石带皮随形把玩件

图片由艺畦坊提供。

● 蜜蜡原石

尺寸：78毫米 ×47毫米 ×18毫米

重量：30克

此原石为纯天然，未经优化的蜜蜡原石。2015年5月，其售价达到1300美元，每克约合人民币270元。

⊙ 大理石或马赛克琥珀（Marble and Mosaic Amber）

大理石或马赛克琥珀，琥珀内部会呈现出不同颜色的大理石或马赛克外观。

⊙ 条纹状琥珀（Striped Amber）

条纹状琥珀，琥珀内部不同颜色的琥珀形成各种花纹、纹理。

⊙ 花珀（Mixed Amber）

花珀，多种颜色的琥珀混杂在一起。

⊙ 白垩琥珀（Chalky Amber）

白垩琥珀。白垩（chalk）是一种白色土状的物质，主要成分是碳酸盐。白垩又称白土粉、白土子。白垩琥珀就是外观类似白垩的琥珀，其特点有两个，一是白色的，二是有粉状、土状感觉。

⊙ 泥土珀（Earth Amber）

泥土珀，指琥珀内部包裹有有机物、植物残留、泥土等杂质，内部气泡多（可能与有机物腐烂后释放出的气体有关）。可以根据杂质分布进一步分为Transparent Earth Amber（透明的琥珀中含有各种杂质）、Dappled Earth Amber（杂质呈斑点或斑纹状分布的琥珀）、Mixed Earth Amber（琥珀与杂质混杂在一起的琥珀）。

探索来源

看琥珀产地与特点

琥珀主要产地波罗的海周边地区，其中波兰和俄罗斯最多，波罗的海周边的立陶宛、乌克兰、德国、丹麦、瑞典、挪威、英国、法国、罗马尼亚、意大利的西西里岛（奶蓝色或绿色）也都有产出。美国的新泽西州、怀俄明州、阿拉斯加州及日本、印度、缅甸、多米尼加共和国、墨西哥等也是重要的琥珀产地。黎巴嫩产有古老的琥珀矿。我国的辽宁抚顺、河南西峡等地也产琥珀。国内市场上的琥珀主要来自波罗的海地区，其次是缅甸、多米尼亚、墨西哥和我国辽宁抚顺。

● 波罗的海琥珀产地图

● 俄罗斯加里宁格勒 Primorskoje 露天琥珀采矿场

● 立陶宛琥珀原石

地表经过氧化风化的琥珀原石，表皮为红色。

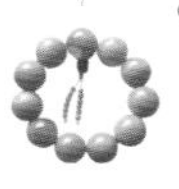

波罗的海琥珀

波罗的海地区琥珀不仅储量最多，开采历史也是最悠久的，而且质量好，这一地区琥珀产量约占世界总产量的 90%。波罗的海琥珀 baltic amber 集中在东部的萨姆兰特半岛（Samland Peninsula），半岛面积约 400 平方海里，生产的琥珀占欧洲的 90%。这一地区现在是波兰、俄罗斯、立陶宛三国交界地区。矿区主要在俄罗斯加里宁格勒州。波罗的海琥珀约 90% 含琥珀酸，经干馏可以得到 2% ~ 8% 的丁二酸（Succinic acid），俗称琥珀酸，因此波罗的海琥珀也叫 Succinite。不含琥珀酸的琥珀叫作 Glessite，是一种棕褐色琥珀。

波罗的海琥珀产在蓝泥层（blue earth）。含琥珀的蓝泥层（blue earth）是第三纪沉积物，主要成分是黏土、云母细沙。蓝泥形成年龄被认为是 3800 万年前的晚渐新世，后有资料说经测定形成年龄是 5000 万年

● 波罗的海琥珀饰品

前的中始新世，这一观点把波罗的海琥珀形成年龄提前了1000万年。蓝泥层并不是琥珀的原始形成地点，是形成以后后期搬运再沉积的地点，琥珀真正形成时间则更早。

萨姆兰特蓝泥层厚度为2～10米，在琥珀富集的地方，每立方米含有2.5千克琥珀。19世纪中期之前波罗的海琥珀几乎都从海上开采，波罗的海琥珀矿脉延伸到波罗的海，经过河流、海水冲刷，矿层中的琥珀被冲刷出来，在刮风下雨之后，琥珀与海藻缠绕在一起漂浮在海面、岸边。被海浪冲刷到岸边的琥珀可以在岸上捡到，有的需要挖淤泥寻找，也可以潜水到海底寻找。风平浪静时在浅海底用工具挖掘琥珀。用这种方式开采的琥珀叫作海珀。由于过度开采，到20世纪中期海珀产量大不如以前，现在这种漂浮在海面的琥珀已经很少。目前波罗的海琥珀主要开采方式是陆地上通过矿坑或坑道开采。在海岸边，蓝泥层被冲刷裸露，开采相对容易。在内陆蓝泥层上有30～40米厚的第三纪和更新世覆盖层，开采成本相对高。在波兰格但斯克西部勒巴地区发现有琥珀矿，但埋藏太深，挖掘成本太高，无利可图。萨姆兰特半岛琥珀总储量约64万吨，目前大部分已经被开采。在20世纪初，萨姆兰特半岛每年能开采琥珀450吨。目前这一地区琥珀很大一部分已经被开采。现在俄罗斯琥珀公司在萨姆兰特半岛有两个大型露天矿仍然在开采琥珀。

波兰琥珀

波兰北部盛产波罗的海琥珀，波兰是世界上琥珀储量最丰富的国家之一。琥珀是格但斯克的名片。琥珀是针叶树的石化树脂，这种树通常是称作 Pinus Succinifera，是一种产于 4000 万年前的产琥珀的松树。波罗的海琥珀是世界上众多石化琥珀中的一种。

波罗的海沿岸琥珀含矿层是未成岩的泥炭层，厚度一般 4 ～ 5 米，最厚达十几米。琥珀呈似层状、团状分布，大的可达 2 ～ 3 米，而一般的为 0.5 ～ 1.5 米，琥珀层的上部为疏松的泥沙。有的露天开采，有的需要地下挖坑道开采。开采时沿含琥珀的矿层用机械化开采挖掘。由于开采方便，一个工人每人能采到上百千克的原料。靠近海边的含矿层经过海水冲刷，琥珀有时可被冲出，在海边直接可以捡到。

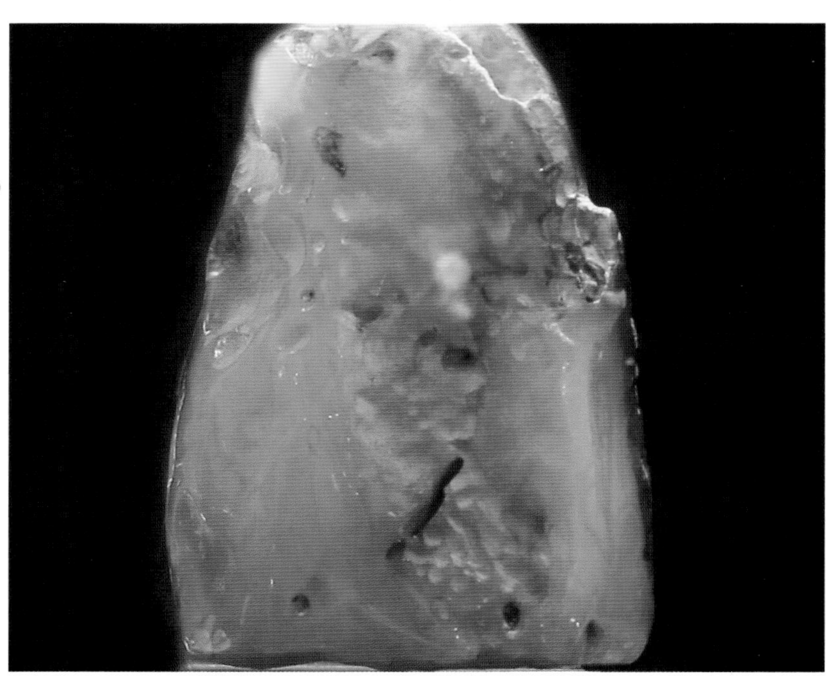

● 波兰琥珀原石

此原石颜色浓郁，内部有少许包裹体，其表面有许多孔洞。

波兰琥珀吊坠

意大利西西里岛琥珀

意大利西西里岛琥珀英文 Sicilian Amber，有个专有名词 Simetite。西西里琥珀个体不大，多为橘色或是红色，也有绿色、蓝色和黑色。西西里岛也是蓝色琥珀和绿色琥珀的重要产地，且西西里绿珀很著名，多数是在荧光下呈绿色，少数好的品种在自然光线下就呈现淡淡的绿色，非常美丽、罕见。这里蜜蜡较少见，都是透明的。这里琥珀基本上不含琥珀酸，燃烧时有松香味和有淡的硫黄味。西西里琥珀形成地质年代在晚白垩纪到古新世之间，年龄约是 6000 ～ 9000 万年。主要产地在西西里岛卡塔尼亚附近河谷中，主要产自褐煤区，属于地质学上的中新世中期，比波罗的海琥珀略年轻。西西里琥珀开采比较早，从 16 世纪、17 世纪开始闻名世界，19 世纪末这里的琥珀价格很昂贵。由于过度开采，目前西西里岛琥珀资源接近枯竭。

俄罗斯琥珀

俄罗斯琥珀储量很大，每年开采琥珀 600 ～ 700 吨，其中一半为宝石品种，其余 8 ～ 10 毫米大小的琥珀碎料只作工业用途。俄罗斯加里宁格勒琥珀矿的琥珀矿沉积于 2 ～ 10 米厚的烂泥层中，琥珀矿层厚度最厚处达 3 米，根据每立方米岩石中琥珀的富集程度，把琥珀矿石分为四个等级（千克 / 米^3）：最高级为 2.5；高级为 2.1；中级为 1.3；低级为 0.65。

● 俄罗斯琥珀项链

● 俄罗斯琥珀、蜜蜡项链

乌克兰琥珀

乌克兰琥珀主要产于乌克兰西北部，形成于第三纪，是波罗的海琥珀的一部分。琥珀产于厚达6米的含碎海绿石、腐殖质和黏土的石英砂岩中，属于早第三纪早渐新世～中渐新世岩层。这里是琥珀的二次沉积地点，不是原始产地。琥珀含量在50～400克/米^3。这里的琥珀以黄色为主，颜色均匀，分层少，表面常有淡绿色光彩，虫珀也相对常见，琥珀含有高浓度琥珀酸。刚开采出的琥珀有几毫米厚的深褐色氧化层，氧化层很脆，容易脱落。

● 乌克兰琥珀手链

● 乌克兰琥珀手链（局部）

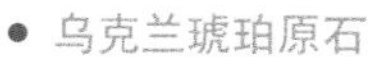

● 乌克兰琥珀原石

英国琥珀

英国怀特岛产琥珀，年代比较早，属于白垩纪，1.3亿年之前。所产琥珀主要为褐色，内部常有植物碎片包裹体和黄铁矿晶体，也有黄色蜜蜡产出。在英国的苏克赛斯、墨斯达斯也曾经产出琥珀，年龄比怀特岛琥珀更早一点，为1.4亿年。

罗马尼亚琥珀

琥珀是罗马尼亚的国石，罗马尼亚琥珀 Rumanian Abmer 有个专有名词 Rumanite。罗马尼亚出产的琥珀颜色之多居世界之首，有深棕色、黄褐色、深绿色、深红色和黑色等，都属于深色系列，原因是琥珀矿区含有大量的煤和黄铁矿，它们会加深琥珀的颜色。罗马尼亚琥珀中以黑琥珀（Dark Amber）最为珍贵，自然光下，近乎黑色，在强光照射下则呈现枣红色，属于翳珀。翳珀产地很少，几乎仅限于罗马尼亚。罗马尼亚有一种独一无二的琥珀，颜色介于棕色和绿色之间，燃烧时会发出呛鼻的硫黄味，熔点在300～310℃之间。罗马尼亚琥珀的密度是1.048，有的高达1.12，略低于波罗的海琥珀，硬度则略高于波罗的海琥珀。罗马尼亚琥珀内部裂隙多，吸收外来物种，并使光线产生反射、折射作用，呈现闪烁的外观。这类琥珀以往被土耳其人、波斯人用来做烟斗，据称可以过滤细菌。罗马尼亚的红棕色琥珀，在紫外线照射下，会产生蓝色荧光，这种现象和多米尼加的蓝色琥珀相同，在紫外线照射时，都会产生相同的蓝色荧光。罗马尼亚琥珀包括好几个地质年龄，从1.4亿年前的白垩纪到6500万年的第三纪。也有资料显示，罗马尼亚也产出更为年轻的“琥珀”，即半石化的树脂，被认为年限不够，不能称为琥珀。

● 罗马尼亚琥珀银镶戒

缅甸琥珀

缅甸琥珀 Burmese Amber 也有专门名称 Burmite。缅甸琥珀品种比较丰富，比较常见和好的品种是缅甸棕红珀、缅甸血珀、缅甸金珀、缅甸根珀、缅甸紫罗兰琥珀、缅甸蓝珀等，缅甸 90% 的琥珀为棕红珀。缅甸琥珀主要是暗橘或是暗红色、棕红色，和波罗的海琥珀比颜色发红，没有波罗的海琥珀那种明黄的色调。缅甸琥珀中最贵重者为樱桃红色琥珀，近似于血珀但更加艳红，但非常稀少，是琥珀中的珍品。缅甸琥珀净度通常比波罗的海琥珀差。缅甸琥珀比多米尼加琥珀有更强的荧光性。

• 缅甸琥珀手镯

手镯光泽油润，造型宽厚，其中有蜜蜡成分。手镯芯部可制作其他雕件。图片由地大世家提供。

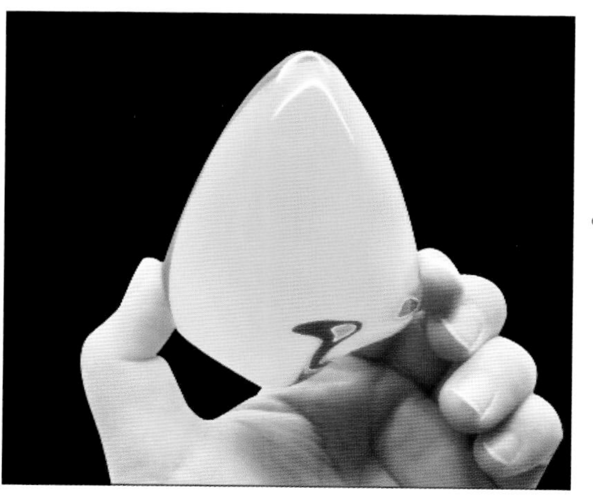

• 缅甸金蓝珀吊坠

此珀在自然光下为蜜黄色，在特殊光线下为蓝色。图片由地大世家提供。

缅甸琥珀内部常含有方解石，方解石、黄铁矿等围岩物质的存在，使得琥珀的硬度增大、密度增大，高于大多数琥珀的硬度和密度，而且使有些原本较深色的琥珀，变成乳黄与棕黄交杂的颜色，印度人称之为马蹄色，我国和西方称这类琥珀为根珀（Root Amber）。根珀是缅甸特有的品种，其外观与抚顺花珀有相似之处，常用来仿冒抚顺花珀。

缅甸琥珀主要产地是缅甸最北部的胡康 Hukawng 河谷，由达罗盆地和新平洋盆地组成，缅甸语的意思是“魔鬼居住的地方”，开采历史很早。1930 年乔希伯尔考察这一地区，列出 12 个矿点。其中 10 个位于琥珀山（Noije Bum）北端，2 个位于西面 8 千米的 Khanjamaw。这些矿点目前都已不开采。目前开采的矿区位于距离克钦邦德乃镇西南 20 千米处琥珀山 Noije Bum 的山腰上。胡康河谷内地层主要是白垩纪和第三纪岩层。琥珀矿区为碎屑沉积岩、薄层石灰岩和薄的煤层和碳质物质，琥珀位于碎屑岩层中。多数学者认为这些岩层为第三纪始新世。然而近年来，有学者研究缅甸琥珀内含物，认为琥珀年龄属于白垩纪。在缅甸北部和印度交界地带也有许多小的琥珀矿点，但质量差别很大，有的类似柯巴树脂，年龄太短。

● 缅甸棕红珀手镯

多米尼加琥珀

南美的多米尼加是美洲最著名的琥珀产地。琥珀产于灰岩、砂岩层中，属于第三纪渐新世和中新世岩层，形成年龄在1700万～3000万年。与其他地区琥珀不同，多米尼加的琥珀是由豆科植物树脂石化而成，反映多米尼加琥珀形成环境属于热带森林区，这与多米尼加琥珀虫珀数量多、品种多的特点一致。在多米尼加琥珀中发现许多已经绝种的生物，常含有各种生物是多米尼加琥珀的一个特点，好多知名的大学、研究院所都收藏有多米尼加虫珀。琥珀中包含有千奇百怪的珍贵昆虫化石，还有植物的叶及花，鸟的羽毛及哺乳动物的毛。多米尼加琥珀内亦曾发现蜥蜴、青蛙等较大型生物，但为数极少。多米尼加的虫珀以质量上乘，内含物种丰富，虫体保存完好成为虫珀收藏中的精品。

多米尼加琥珀产区主要有两个。一个是北方山脉，位于圣地亚哥和普拉塔港之间，有10多个采矿点，目前大部分已

● 多米尼加蓝珀戒面

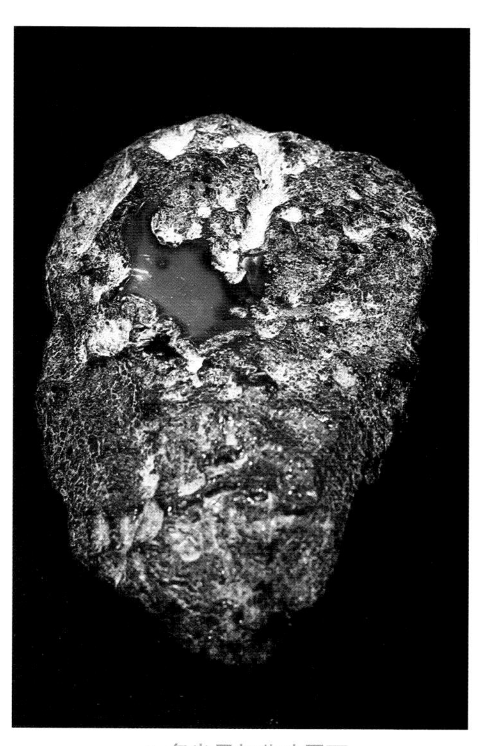

● 多米尼加蓝珀原石

● 多米尼加蓝珀圆珠

多米尼加蓝珀的蓝色好，质量优秀，广受购买者追求。

经采完。另一个是西部的厄尔山，早在1970年就开始开采。厄尔山最出名的是绿色和紫色琥珀。加勒比海的琥珀，尤其是多米尼加琥珀，是露天开采，矿坑呈喇叭口状，经常塌陷，比较危险。

多米尼加琥珀主要为黄色透明琥珀，颜色从浅黄到黄、橘黄到樱桃色和红色都有，不透明的和乳状琥珀少。在荧光下多米尼加琥珀无色者少，多呈不同色调的蓝色和绿色，绿色者居多。琥珀内部常

● 多米尼加琥珀首饰

18K金镶嵌天然蓝珀项链、戒指、耳环套装，典雅高贵，经典时尚。

含有黄铁矿和岩土等包裹体，呈棕色、黄绿色的斑点。

关于多米尼加蓝琥珀的起源与形成过程学者们提出了诸多理论，有观点认为是火山爆发时的高温使琥珀变软，并使附近的矿物融入其中，冷却后琥珀再次形成。另一观点认为多米尼加蓝琥珀的形成是由于松柏科树脂中含有碳氢化合物，由于这些碳氢化合物使得多米尼加琥珀有了与众不同的蓝色，而来自维基百科英文版则描述内含黄铁矿包体可以使琥珀呈现蓝色调。含有芳香族的碳氢化合物给多米尼加的蓝琥珀增添了一股芳香气味，当对蓝琥珀进行加工和雕刻时这股芳香味格外冲鼻，这亦是琥珀品种中独一无二的特征。蓝琥珀还有一个特性：它极少内含昆虫、植物、气泡。人们曾经发现极少数的蓝琥珀内含昆虫，但都已被极度压缩至几乎不可辨。

日本琥珀

日本琥珀主要产在岩手县久慈市、福岛县盘城。琥珀颜色主要是棕红色、金黄色，也有少量带有花纹的蜜蜡，也曾发现有虫珀。久慈琥珀块大，曾发现一个 16 千克重的琥珀，现收藏在东京国立自然科学博物馆中。久慈和盘城琥珀形成于白垩纪晚期，距今 8500 万～ 8000 万年。

西伯利亚琥珀

世界上最大规模的白垩纪琥珀矿床位于俄罗斯北部西伯利亚泰梅尔半岛。其中哈坦加洼地的琥珀形成于 8000 万年前，泰梅尔半岛西部、中部矿区琥珀形成于 1 亿年前。这里曾发现有包含微小昆虫的虫珀。

德国比特菲尔德琥珀

比特菲尔德位于德国中部，柏林西南约 150 千米。1955 年在这里发现琥珀矿。琥珀位于厚 4 ～ 6 米的含有泥沙、褐煤、云母的岩层中，岩层的年龄为 2200 万年。这里的琥珀为二次沉积，琥珀形成时间早于岩层，大致形成于 2600 万～ 2200 万年前的中新纪。比特菲尔德琥珀属于矿珀，硬度、品质等也相对不错。1993 年为保护环境，这里的琥珀矿被关闭。在此之前，这里每年可以开采约 50 吨的琥珀。

墨西哥琥珀

墨西哥琥珀主要产于南部齐帕斯州矿区。品种以黄色、棕色为主，也有绿色、蓝色和虫珀。其中以蓝色最为珍贵，在正常光线下蓝色弱，在紫外线和阳光下蓝色更明显。其形成年龄在2000万～3000万年之间。墨西哥琥珀开采历史悠久，古人称其为“太阳石”。国内市场上的墨西哥琥珀以蓝珀为主，其实更多的是黄色中发蓝绿色调、绿色调，由于蓝珀比绿珀珍贵，商家通常都称为墨西哥蓝珀。和多米尼加蓝珀相比，墨西哥蓝珀质量明显差，价格也相差很大，有时差一个数量级。

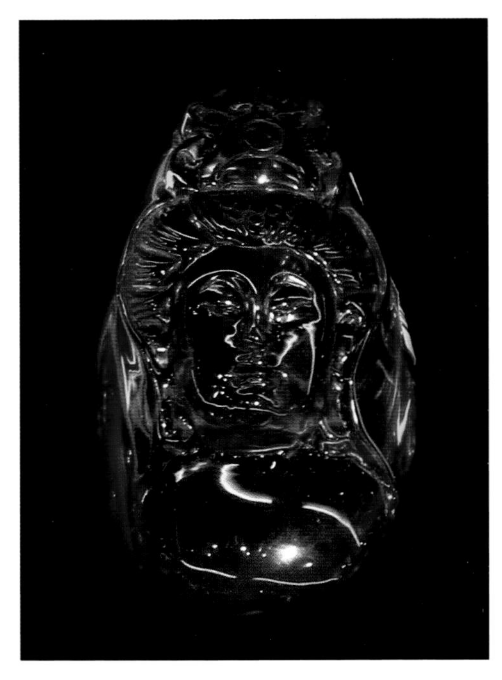

● 墨西哥蓝珀观音挂件

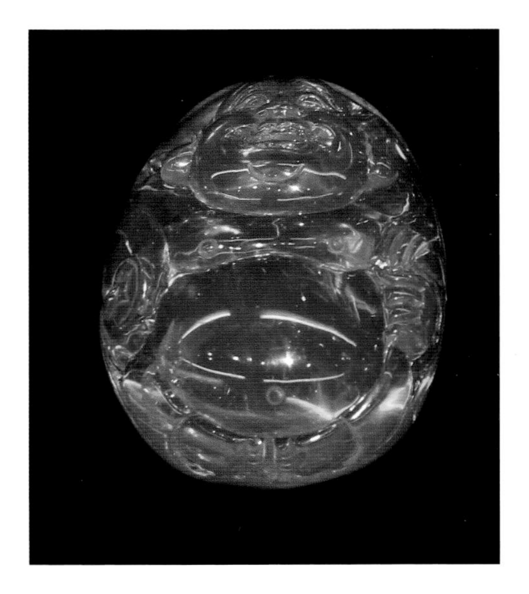

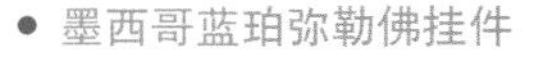

● 墨西哥蓝珀弥勒佛挂件

中国琥珀产地

中国琥珀产地主要是辽宁抚顺、河南西峡。在河南南阳和云南永昌、宝山、丽江、哀牢山、福建漳浦等地也有发现，但产量较少。其中抚顺琥珀质量较好，可达到宝石级，但目前已经基本开采完。河南西峡等地的琥珀总体质量一般，主要作为药用琥珀和工业用琥珀，宝石级琥珀目前已经很少。云南永昌琥珀产量很少，早在明末时已经开采枯竭。

那么，中国古代琥珀主要来自哪里，据考证主要来源有两个，一是缅甸，二是波罗的海。缅甸琥珀主要在缅甸北部，距中国云南永昌仅 130 千米，自汉代以来缅甸琥珀经西南丝绸之路进入云南地区。波罗的海琥珀从汉代就已经进入了中国，主要是通过东西方贸易的中转站大秦与波斯（这是汉代文献对古罗马及罗马拜占庭帝国的称谓）进入中国。

⊙ 抚顺琥珀

辽宁抚顺是世界著名的琥珀重要产区，也是我国昆虫琥珀的唯一产地。抚顺琥珀形成于 5900 万～3500 万年之间，产于第三纪古城子和栗子沟岩组的煤层中。也有一些琥珀产于煤层顶板的煤矸石之中，灰褐色煤矸石中保存的颗粒状琥珀呈金黄色，密度、硬度较大。抚顺煤田的琥珀呈块状、粒状，质量优，数量多，透明－半透明，有血红、金黄、蜜黄、棕

● 抚顺琥珀戒面

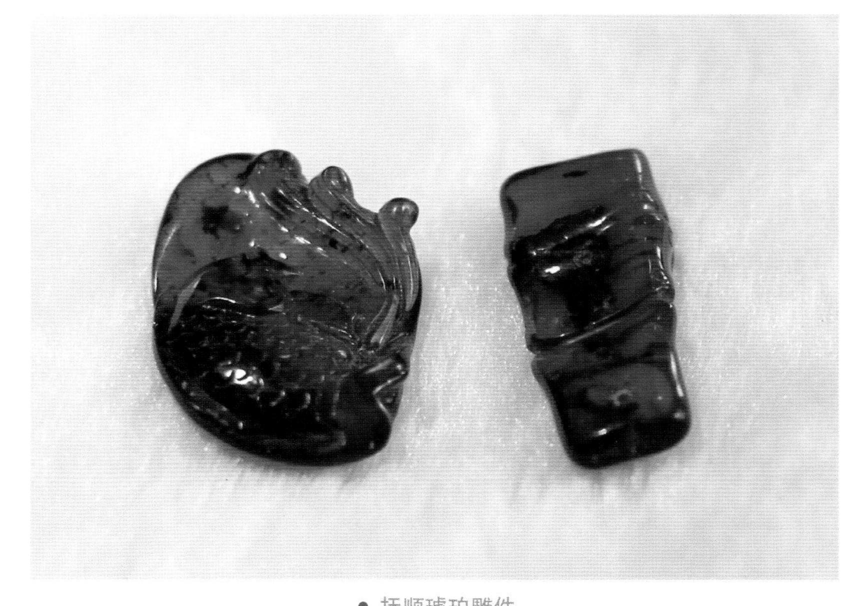

● 抚顺琥珀雕件

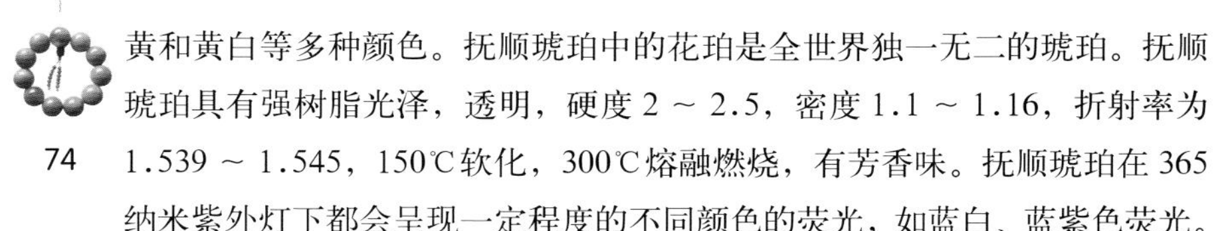

黄和黄白等多种颜色。抚顺琥珀中的花珀是全世界独一无二的琥珀。抚顺琥珀具有强树脂光泽，透明，硬度 2 ～ 2.5，密度 1.1 ～ 1.16，折射率为 1.539 ～ 1.545，150℃软化，300℃熔融燃烧，有芳香味。抚顺琥珀在 365 纳米紫外灯下都会呈现一定程度的不同颜色的荧光，如蓝白、蓝紫色荧光。

抚顺发现含有昆虫和植物包体的虫珀和植物珀，但虫珀的量少，常常几十千克琥珀中也很难发现一个昆虫琥珀。由于地热的原因，抚顺的琥珀颜色多样，虫珀中的昆虫比波罗的海琥珀中的虫要明显干瘪。

抚顺琥珀有其特点，抚顺琥珀研究所对抚顺琥珀分类如下：

水料：包括金珀、血珀、明珀、棕珀。

花料：包括象牙白花、黄花、黑花和水骨花、蜜蜡。

彩料：包括生物、植物、水胆、肖形珀。

黑料：包括翳珀、杂质珀、大黑珀。

伴生料：包括煤伴生珀、矸石伴生珀和线珀。

抚顺琥珀主要有三个矿区，经过多年开采资源已近枯竭，部分矿坑开

● 抚顺琥珀原石

煤黄，抚顺琥珀，表面黑色为包裹的煤，抚顺煤矿博物馆藏品。

始回填。（1）西露天矿，位于抚顺市西南部，抚顺琥珀主要产于西露天矿。西露天矿被称为“亚洲最大的人工矿坑”，西露天矿东西长 6.6 千米，南北宽 2.2 千米，最深处有 400 多米。（2）东露天矿，这里的琥珀特点是块小，硬度低。产量很低，琥珀品质一般，其琥珀制品成品率很低。（3）老虎台矿，不成规模，只是偶现。据传这里过去曾有琥珀出现，琥珀质地较软，清澈透明。

抚顺琥珀产在煤层中，琥珀通常只有数厘米大小的浑圆块状，刚开采的琥珀原料外面往往是黑乎乎的一层，外表皮包裹有煤粉，靠形状来辨认琥珀。在煤层开采的掌子面（即工作面），被炸药炸开的琥珀块漏出橘黄色外观，非常美丽，当地人把这种琥珀叫作煤黄。加工琥珀时，首先是去皮，然后才能进行雕刻、打磨和抛光等工序。加工琥珀时，首先是去皮，然后才能进行雕刻、打磨和抛光等工序。

抚顺西露天矿从 1901 年由乡绅王承尧试开采。到 20 世纪 70 年代，抚顺露天煤矿开采旺季，每个捡拾煤黄的工人拿着鹤嘴尖锤，头戴防尘帽，只露出双眼，在煤矿掌子面寻找、捡拾琥珀，专业的词叫砸煤黄。抚顺煤黄通常比较小，火柴盒大小的就算是甲级琥珀料。那时好的时候每个工人每天可以捡拾 2 ～ 3 千克琥珀。到 20 世纪 90 年代，煤矿资源接近尾声，琥珀也越来越小、越来越少，现在基本停止。如今西露天矿的资源所剩无几，偶尔能翻出一些琥珀料，但其质量大不如前，做成工艺品没有较大的吸引力。抚顺琥珀目前主要是过去的藏品，新品寥寥无几。

抚顺除了琥珀之外，这里还产煤精。煤精又称煤玉，是一种稀有的煤种，比煤坚韧，但比煤轻，极其耐烧。由于近几年矿已枯竭，琥珀及煤精已很少出产，有的人已把琥珀、煤精作为收藏。抚顺很多人家都有一些琥珀饰品和煤精雕刻工艺品，精品很少有人会卖。

⊙ 河南西峡琥珀

河南西峡县的琥珀主要分布在灰绿色和灰黑色细沙岩中，面积达 600 平方千米，呈瘤状、窝状产出，每一窝的产量从几千克到几十千克，琥珀大小几厘米到几十厘米。琥珀块体由微小的椭圆形琥珀胶粒堆积而成，小胶粒堆积成肾状、花瓣状、菜花状。颜色有黄色、褐黄和黑色，半透明到透明。内部偶然可见昆虫包体，大多数琥珀中含有砂岩、方解石和石英包体。西峡琥珀裂纹发育，大块琥珀出土后易裂成小块，质地松散，具有脆性，易熔，熔后散发松香味，过去主要用来做药用资源，1953 年开始对裂纹少的琥珀做工艺品。该矿每年曾有上千千克的产量，在 1980 年曾采到一块重 5.8 千克大的琥珀。西峡琥珀产于白垩纪岩层中，年龄距今约 1 亿年。琥珀矿分为两层。第一层位于下部的沙砾岩中，琥珀层呈透镜状、条带状、细脉状、不规则状，琥珀颗粒大小不一，大的几十立方厘米，一般数厘米大小。第二层位于灰绿色 – 灰黑色细砂岩中，琥珀大者如鸡蛋，小者如米粒，当地称为豆珀。

⊙ 云南丽江琥珀

云南丽江等地的琥珀主要产在第三季煤层中，颜色多为蜡黄色，半透明。大小 1 ～ 4 厘米。无大规模开采。云南的永平保山历史上曾有过出产琥珀的记载。

饰品分类

鉴赏琥珀首饰之美

作为宝石的琥珀主要有两类用途，一类是加工成首饰，进行佩戴，另一类是加工成艺术品，进行陈列、摆放或把玩。开采出来的琥珀要变成首饰或雕件需要加工、镶嵌。加工琥珀主要取决于琥珀采掘出来后的形状、

● 清・琥珀鸳鸯摆件

尺寸：高 4.8 厘米，长 8.2 厘米

琥珀呈蜜色，雕一对鸳鸯相偎，其中一只口衔荷花。附绿色浪花型石座。台湾故宫博物院藏品。

大小和内部所含包裹体的特征。一些较大块或者含有独特昆虫、植物包体的琥珀则可能会被用作雕刻或者被原块保存。大量的琥珀被加工成各种形状的饰品。琥珀首饰通常不需要进行雕琢，或原石保留原始形态或根据形状进行简单的切割，最后抛光而成，行业中把抛光的过程叫作上光，这种首饰称为素面首饰。最常见的琥珀素面饰品有各种形状的挂坠、珠串、均匀的圆环或马鞍状戒圈。现在也有少量的琥珀加工成小的刻面形的戒面、坠，刻面琥珀通常更为珍贵，一般见于项链中。稍大一点的琥珀挂件，或者素面，或者进行简单的雕刻，雕刻为人们喜欢的各种造型。

根据陈夏生《溯古话今，谈故宫珠宝》，我们也可以了解过去皇家贵族的琥珀。台北故宫大型琥珀摆件不多，最大的一件是高 31.5 厘米的雕刻山林景色的琥珀山子，由一块深浅不一的琥珀雕刻而成，从颜色推断，其原材料应来自云南一带。当然单凭颜色很难准确鉴定产地。北京故宫中最多见的是琥珀朝珠、念珠和手串，多为深浅褐色的金珀，黄褐混杂的蜜蜡也不少，推测来自波罗的海。少部分为泛红色的琥珀，有如葡萄酒色的透明琥珀，推测来自缅甸。其他琥珀制品还有手镯、鼻烟壶、小型的仙翁、瓜果、瓶、盒、戒指、佩、簪、钮子等饰物。

琥珀首饰品多数是用金属银镶嵌，很少用金镶嵌。这可能与琥珀的价格和历史原因有关。首饰主要有项链、手链、手镯、脚链、戒指、耳环、胸坠、胸针、发夹等。

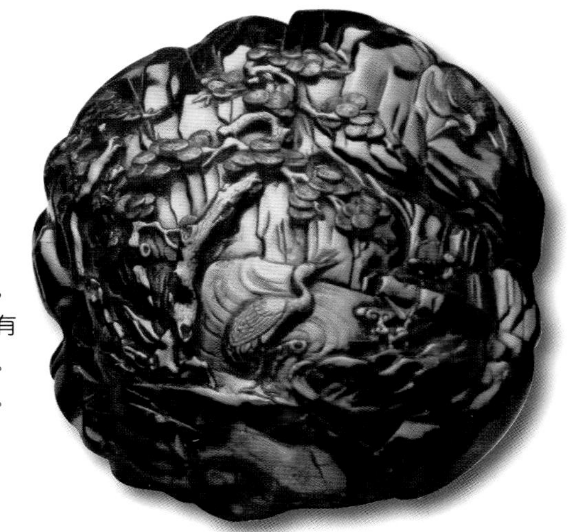

● 清·琥珀松鹤延年山子

尺寸：高 31.5 厘米

琥珀呈扁圆形，以山岩为造型，间以古松、溪涧，一面溪旁有立鹤，另一面松下双鹿对望。台湾“国立”故宫博物院藏品。

项链

单套项链，根据项链的长度有长项链、短项链。根据珠子的形状，琥珀项链有圆珠串珠项链、随意形项链。颜色搭配上有单色珠项链也有多色珠间隔串成的项链。珠子的大小有渐变式的，也有一样大小的，用桶状珠，也有算盘珠，有的用银、珊瑚、珍珠或不同颜色琥珀等作为间隔珠。琥珀项链可谓款式多种多样，是当前最为符合流行趋势的首饰品，不论年轻的或年老的都可以佩戴。目前比较流行长项链，可以和现在的时装搭配，起到画龙点睛的作用。也有用银把琥珀和其他宝玉石镶嵌在一起而成的项链，这种项链能彰显另一种风格。

● 波兰琥珀链坠

● 黄蜜蜡圆珠塔链

双套琥珀项链由一条短的和一条长的两条琥珀链用一个特殊的链扣固定在一起。双套项链比较昂贵，佩戴后美丽也高贵。

多串琥珀编制在一起的琥珀链，珠粒一般粒径小，有长条形、球形、圆片形，项链形状有的扭成麻花状、有的编制为平行带状。这样的项链琥珀珠都是小的随意形琥珀做成的。有的项链还在中间编一个花结，佩戴时可调整长短。不论年轻的或年老的都可以佩戴。

● 天然琥珀蜜蜡项链

戒指

目前琥珀戒指常见有两种，一种是整个指圈就是一块琥珀加工而成的，另一种多是用 925 银镶嵌琥珀而成。镶嵌戒指的款式琳琅满目，令人目不暇接。琥珀戒的镶嵌有单颗珠镶、多颗粒镶。琥珀戒男女老少都适用，目前主要的款式如下。

简洁型：琥珀戒的戒面可以是各种几何形状，有椭圆形、方形、马眼形、三角形、不规则形、球形等自然形。这些戒面可以用黄金、白银等金属包边镶或用简单的爪镶。这种款式既大方又适用，很能体现现代人的不受任何传统的限制和大胆的追求。

自然型：琥珀与其他彩色宝玉石，用金银镶嵌，呈花、草、树叶等大自然中植物、动物的造型。宝石丰富悦目的色彩再加上琥珀的温润形成鲜明的对比，整个戒指华美迷人。

中国民族型：因材施艺制作的各种造型，如小葫芦、佛头、貔貅、十二生肖等，作为戒面，用金银等金属材料镶嵌而成。体现了中国的民族元素，民族的是永恒不变的。这样的戒指非常符合中国的玉文化，可以根据个人的喜爱选择适合自己的款式。戒指的戒托可以是金银等贵金属，也可以是用中国绳结编制的，很随意也很时尚，而且价格便宜，适合追求时尚的青年人。

● 素面琥珀戒指

● 多米尼加蓝珀大珠戒指

耳饰

琥珀耳饰主要有耳钉、耳环、耳坠。女士通过佩戴长短不同、形状不同、款式不同的耳饰来调节人们的视觉，美化容貌，从而增加女性的妩媚。自古以来，女性大多会佩戴耳饰美化自己。琥珀耳饰从结构上看主要有插针形、螺丝形、弹簧形和搭拍形。造型上有圆环形、点圆形、方形、长条形、不规则的几何形以及花朵、动植物造型等，尤其是耳坠的造型各式各样，可长可短。

● 琥珀耳坠

● 琥珀耳坠

● 琥珀耳坠

● 琥珀耳坠

● 琥珀耳坠

● 琥珀耳坠

手串（手镯）

手串或手镯可以达到改变服装式样的效果。琥珀手串的珠粒形状有圆形、椭圆形、不规则形状等，有单排串珠，多排串珠编制在一起的手串，也有用琥珀片穿成的排状手串。有的手串用线穿或金银等贵金属镶嵌，也有的是一件琥珀雕成各种造型后用中国绳结连接起来而成。

琥珀手镯有宽条扁口手镯和窄条扁口手镯，由于琥珀的密度小，所以一般宽条手镯戴上不会感觉沉重，而且美观，现在比较流行。市场上缅甸琥珀手镯相对多见，这是因为制作手镯需要较大的琥珀料，目前波罗的海琥珀经过多年开采，大料越来越少。

● 琥珀手镯

● 缅甸根珀桶珠手串

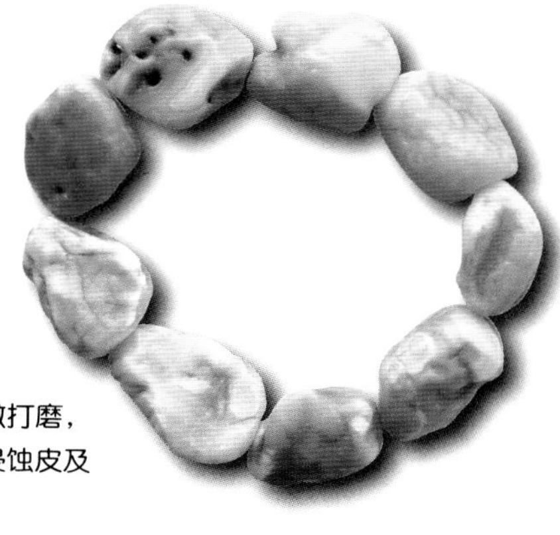

● 琥珀随形手串

手串造型简单、自然，琥珀颗粒经过轻微打磨，保留了部分皮色，可以明显看出表面有侵蚀皮及空洞。

头饰

一般现代汉族头饰主要是发夹，我国少数民族女子的头饰则多姿多彩，不同的年龄和地域，头饰也不同。如藏族的头饰各地不一，青海玉树等地的藏族妇女把满头乌发编成几十条至上百条小辫，每条发辫等距排列披散在背后，头上横披、竖挂两三条宽饰带。饰带上缀饰玛瑙、琥珀、珍珠及金银饰品，极为醒目。蒙古族妇女在头上披挂琥珀、珊瑚等饰品。总之，少数民族妇女头上有各种各样的装饰品，这些装饰品都镶有各种珠宝玉石，其中琥珀是必不可少的饰物。过去的簪、步摇、钮子、挑牌、斋戒牌、如意等，也都少不了镶嵌珊瑚、琥珀。

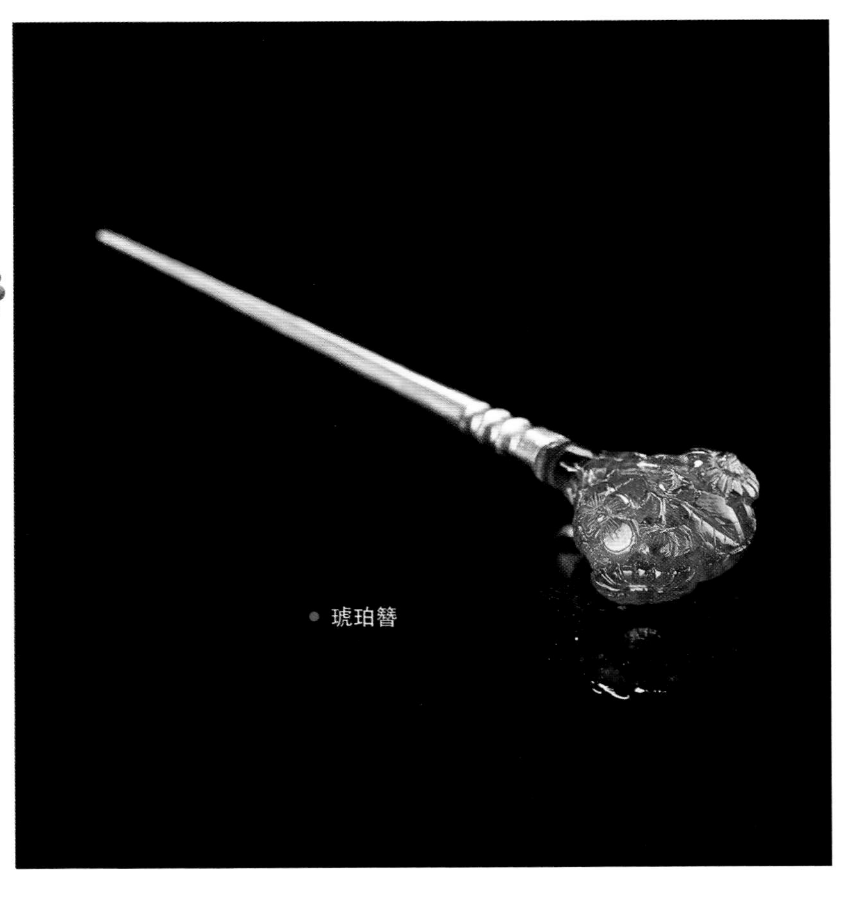

琥珀簪

套饰

套饰主要有戒指、项坠、耳饰，再多一点可有胸针、手链（手镯）、项链、脚链等。套饰讲究的是整体组合，饰品在颜色、光泽、质地、形状上显示出协调一致的美学效果。

● 琥珀套饰

● 琥珀镶银套饰

● 琥珀项链、项坠

服饰

清朝的皇贵妃、皇太子妃、贵妃等在非常隆重的需要穿朝服的重要场合，必须佩戴三串朝珠，其左右两串为珊瑚，中间一串为琥珀。

我国蒙古族、藏族、彝族、回族等少数名族的饰物中有很多琥珀、珊瑚和绿松石。喇嘛的饰品以繁缛为特征，从头到脚，无处不饰，遍镶蜜蜡、绿松石、珊瑚、翡翠等。

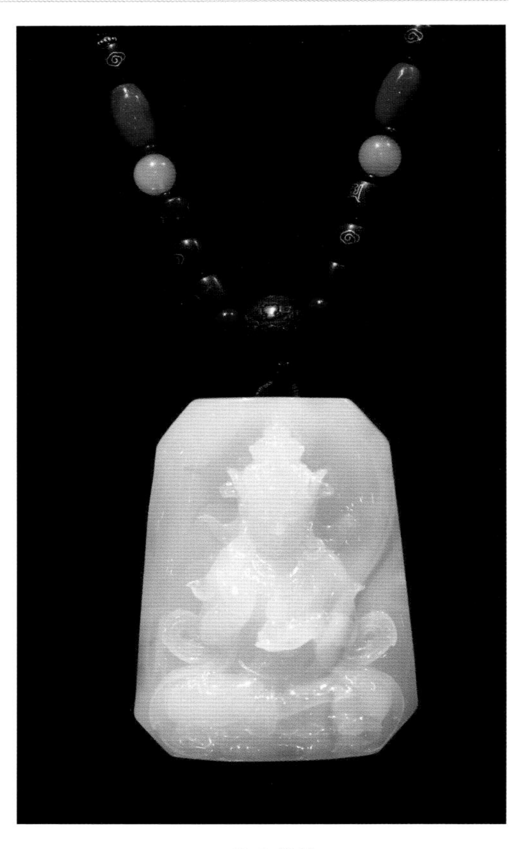

● 黄蜜蜡牌

胸饰主要是佩戴在胸前的饰品。戴上一枚胸花可以起到画龙点睛的作用，尤其当女士穿着的服装比较素净、单调时，戴一枚胸针立刻会增色不少。胸饰主要有胸坠、胸针。琥珀的胸坠、胸针主要以各种动植物造型为主，通常搭配其他珠宝玉石镶嵌而成。胸坠的造型各种各样，最简单是根据琥珀的原石稍稍加工而成的不规则形状。一些琥珀胸坠有吉祥如意的图案，有祝寿图案，有喜庆图案，有求福图案，有求官图案，有个人修养图案以及观音、佛像等。这些图案用谐音、变形、比拟、象征等方法表示某种美好的寓意，希望给自己带来好运。

琥珀服饰还有腰带，女士在腰间的装饰带，可以宽也可以窄，一般是用金属镶嵌琥珀或用编织的中国绳结连接。

把玩收藏

鉴赏琥珀精品雕件

除作为首饰外，琥珀可以作为雕件、把玩件甚至琥珀画等艺术品。这类琥珀除少部分保留琥珀原石，或者经过简单加工抛光直接陈列、把玩外，多数需要雕刻。雕琢饰品一般要进行审料、设计、加工。审料是研究料的特点，摸清料的变化，然后根据形状进行设计、加工。加工的主要环节是琢磨——雕琢出设计好的造型。最后还要进行很重要的上蜡抛光环节，抛光不但决定工人的熟练程度还要对产品琢磨过程、造型特点、原材料性能

● 波罗的海琥珀小象挂件

有很好的了解，以决定采用的抛光材料。抛光好的饰品更能完美地体现饰品的价值。

俄罗斯业余摄影家维克多·波里索夫（Viktor Borisov）用专业摄影记录了俄罗斯加里宁格勒州扬塔尼琥珀开采以及琥珀制品的生产过程。

琥珀雕件的纹饰有花鸟、人物、动物等，种类很多。人物以观音和佛像为主，观音和佛像是人们喜爱的作品。佛像方圆脸，大耳垂肩，肩宽，胸部丰满，盘膝而坐。弥勒佛大肚翩翩、笑口常开是人们喜闻乐见的造型。观音有水月观音、东海观音等。另外还有历史人物、貔貅、壶、白菜、鱼、十二生肖等造型。雕件有单面雕和双面雕。由于琥珀的透明度好，单面凹雕在琥珀中最常见。

很多年以前国外的琥珀艺术家就非常愿意与中国的艺术家合作，希望学习中国的玉雕、牙雕技法。现如今，随着中国经济的飞速发展，中国高超的玉雕、牙雕技法与波罗的海优质琥珀相结合的愿望已经实现，这些琥珀工艺品非常抢手。琥珀的加工企业有家庭作坊式的小工厂，也有稍大的机械化批量生产工厂。

● 人生百财带皮琥珀摆件

摆件

琥珀摆件主要用来观赏，一般放在书桌上或玻璃陈列橱里。一件构思巧妙、工艺精湛、用料上乘的琥珀工艺品，会使放置的居室或厅堂满堂生辉。琥珀摆件用料大，质量好，艺术价值非常高。琥珀摆件的设计根据琥珀的大小、形状、颜色选择雕刻的题材和造型。题材主要有人物、寿星、佛、观音、球体、动物、小孩，也可以用作屏风、桌椅、书架等表面的百宝嵌的材料。琥珀摆件都是经过艺术家精雕细刻而成，每件摆件的雕工都非常精致，人物、动物形象栩栩如生。

● 童子戏佛琥珀蜜蜡摆件

尺寸：高 15 厘米

此摆件雕刻童子戏弥勒佛，弥勒佛喜笑颜开，神态各异的童子在嬉戏玩耍。取“多子、多财、多福寿”之意。

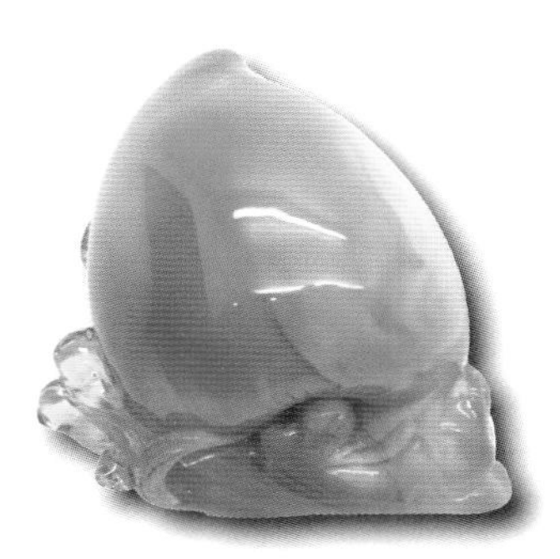

● 琥珀寿桃雕件

● 蜜蜡送子观音摆件

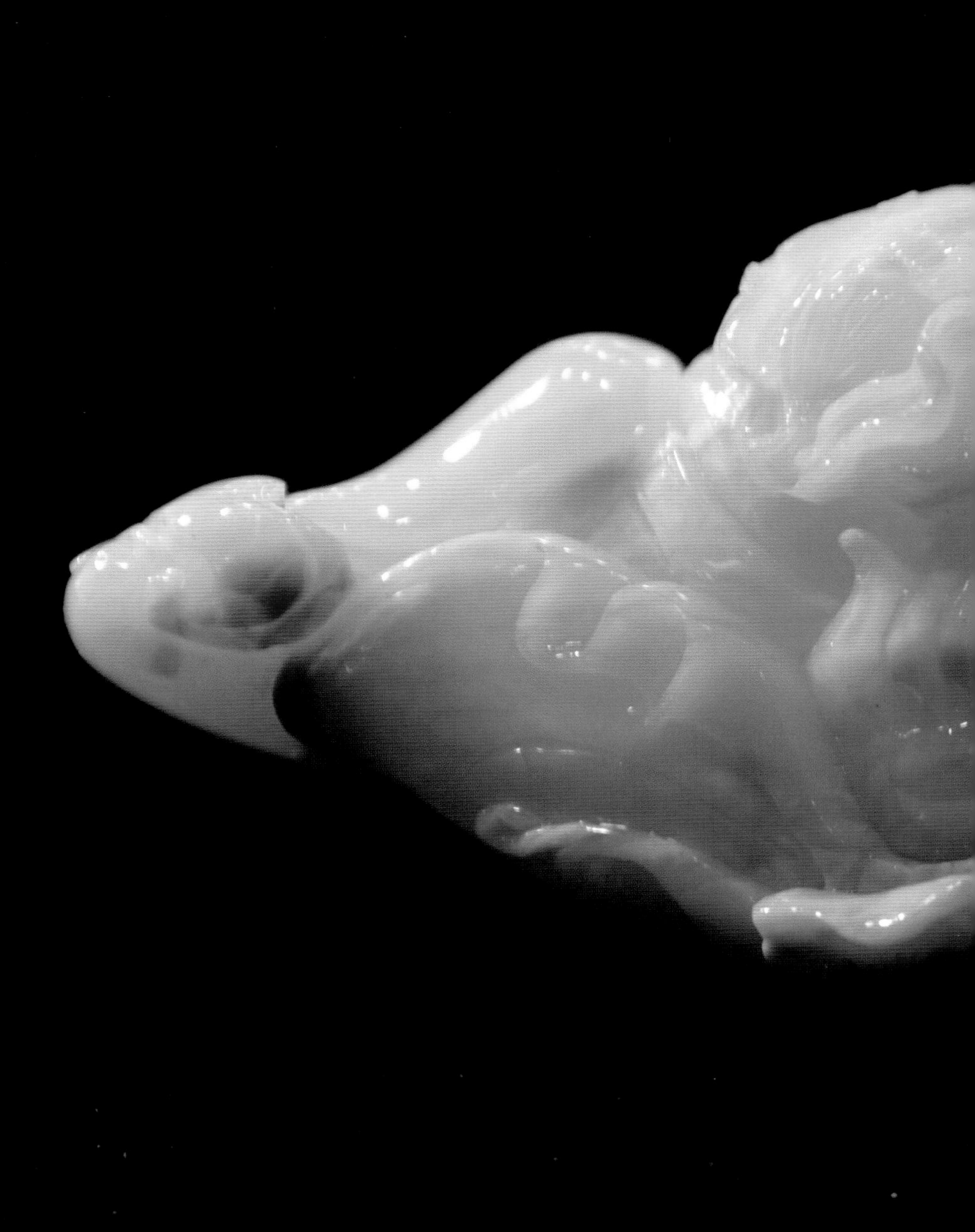

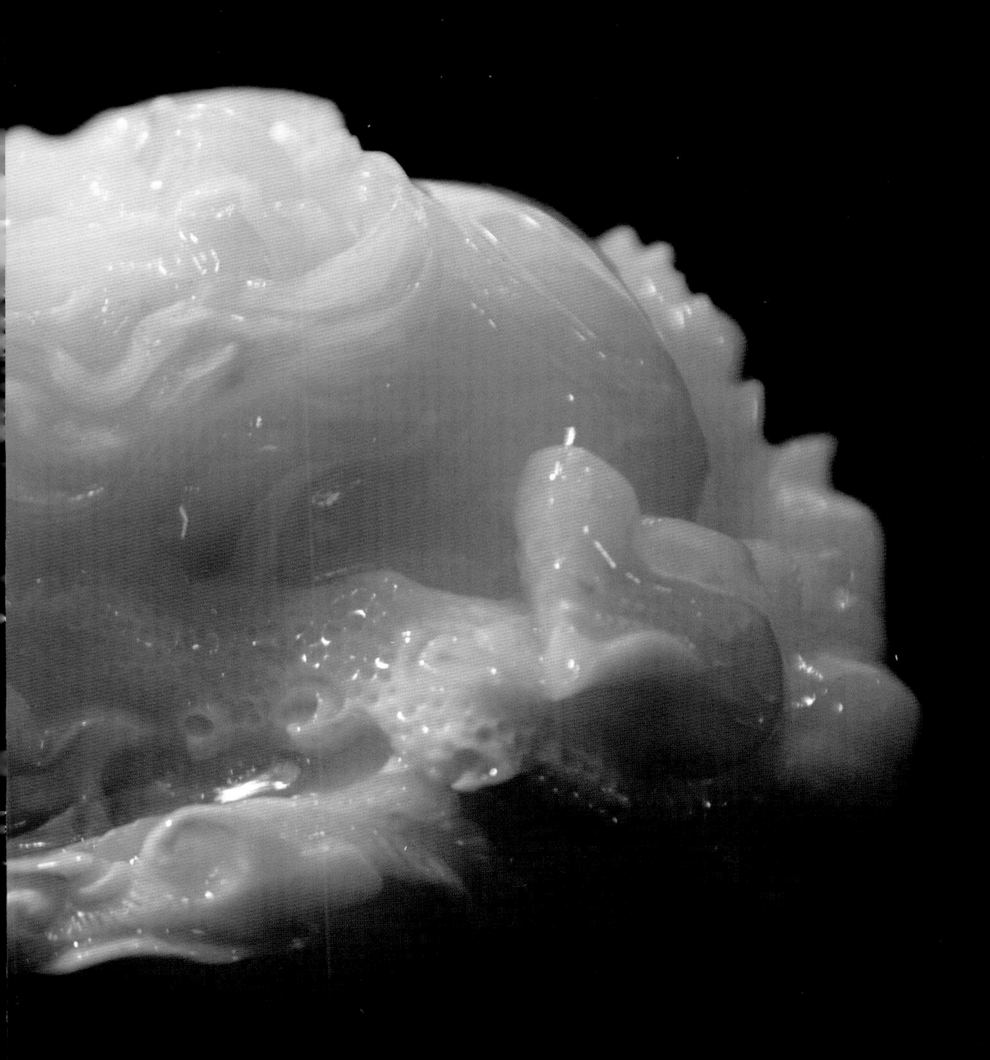

● 蜜蜡雕件

图片由艺畦坊提供。

把玩件

把玩件主要用途是放在手里把玩。琥珀把玩件主要有两类。

一类是拳头大小的琥珀把玩件，通常用原石或经过简单切割后抛光的琥珀，表面光滑，便于把玩。也可以做简单的雕刻，比如佛、观音、葫芦等造型。在琥珀雕件中还有一种阴雕技法，在透明琥珀背面进行雕刻，漏出亮光，从抛光的正面看会有立体感，好似雕刻物内嵌在琥珀中。

● 金绞蜜琥珀挂件

● 波兰蜜蜡球

另一类琥珀把玩件是念珠。从中世纪开始，念珠是琥珀最主要的产品形式。这一时期基督教繁盛，用于计数使用的玫瑰念珠是教徒不可缺少的宗教用品。琥珀制成的念珠具有神秘、温暖的颜色，温和的手感，质地轻巧，十分抢手。念珠最初是给男士佩戴或挂在腰间。根据历史记载，在13世纪，念珠是人们生活中必不可少的物品。最常见的是10组、每组10子的念珠。也有每组5子或7子的。念珠由用来计数的隔珠分开，以方便进行重复的忏悔、祈祷。琥珀、珊瑚、水晶念珠是高档物品，它们都是佛教七宝中的宝贝。而穷人多

● 蜜蜡佛珠

数使用木头、骨头制作念珠。由于琥珀念珠过于奢华昂贵，在 13 世纪多米尼加和奥古斯丁教的教徒被禁止使用琥珀念珠。

琥珀作为佛教七宝之一，琥珀念珠一直被佛教徒使用。近几年国内市场上大量出现 108 粒的念珠作为手链戴在时尚人士的手腕上，即佛珠式琥珀手串，而且成了当前的流行趋势。琥珀念珠手串因其质量轻，戴在手腕上没有重量感而优越于其他珠宝玉石手串，而且男女皆宜，因此得到广大消费者的厚爱。

装饰品

17～19世纪，琥珀被大量开采，除了作为念珠外，相当一部分琥珀用于装饰。少部分装饰品由大块琥珀雕刻而成，再镶嵌金丝、银丝和珠宝，最常见的形式是化妆盒、相框等。更多的情况是用多块琥珀进行组合，甚至用小琥珀拼成马赛克图案，构成各种装饰品，甚至大型摆件，如箱子、柜子、桌子、棋盘、啤酒杯、装饰灯。也可以把琥珀镶嵌在木板等物件上，做成各种工艺装饰品，如镶嵌琥珀的门、相框。用金属串起小块琥珀，能制成各种杆状装饰品。琥珀装饰的巅峰之作当属“琥珀宫”，此艺术品由加工好的100多块琥珀镶板、卯边和150多个琥珀雕像组成。后文将会对“琥珀宫”进行详细介绍。

● 圣母玛利亚和耶稣马赛克琥珀画
尺寸：60厘米×38厘米

现在琥珀越来越少，大块琥珀很难见到。国内琥珀的装饰品比较少，工艺也比较粗糙。主要有眼镜框、车挂、手机链等，到欧洲能见到由马赛克琥珀制成的各种工艺品。

鉴定技巧

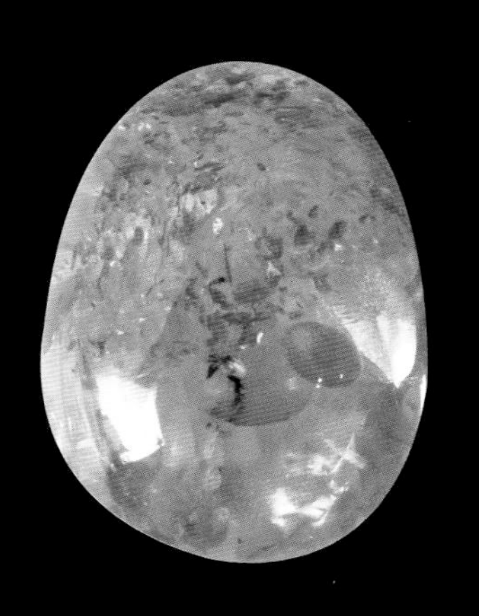

火眼金睛

辨别真假琥珀

琥珀市场火爆，优化琥珀、处理琥珀甚至琥珀仿制品在市场上很常见。本节教您如何识别真正的琥珀。优化琥珀、处理琥珀和琥珀仿制品将在后续章节陆续介绍。

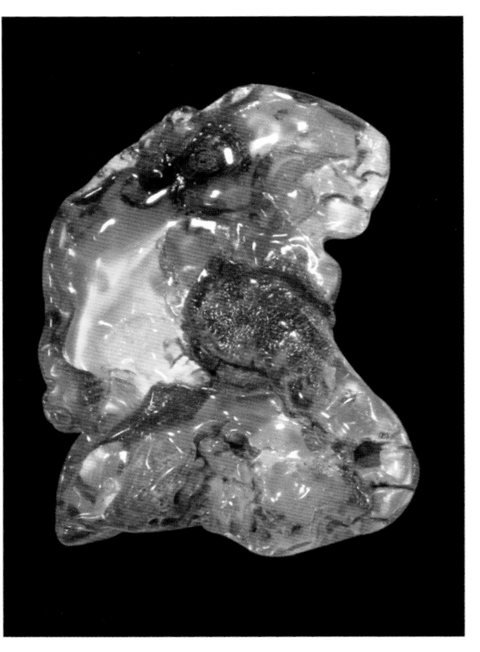

● 波兰琥珀原石

琥珀的简易鉴定

我们可以通过观察琥珀的外部颜色及内部特征，并用热针、燃烧、声音、摩擦和硬度试验方法对其进行简易鉴定。

⊙ 看外观颜色

到目前为止，天然琥珀绝对没有颜色非常鲜艳的紫色、红色或蓝色，如果你在市场上见到这样的琥珀，那一定是假的，要毫不犹豫地拒绝购买。但你如果想做试验，可以买来研究研究，长长知识。

● 抚顺琥珀圆珠手串（局部）

⊙ 观察内部特征

1. 内部光线变化。琥珀透明温润，从不同的方向观察琥珀有不同的效果。仿琥珀要么很透明要么不透明，颜色呆板、有搅动的纹理，感觉不自然。

2. 内部包裹体和气泡。在放大镜或显微镜下进行观察，天然琥珀内部常有植物残片或气泡，琥珀中的气泡外形不规则，大小不一，气泡圈很淡，仿琥珀的气泡带有一个很深的黑圈，而再造琥珀内部的气泡通常会被压扁呈长条形。

3. 观察太阳花。对于太阳花琥珀，真琥珀有太阳花或表面花纹，这些花纹都非常自然，太阳花花片中有好多裂隙，而仿琥珀的花片中没有裂隙，只有好多突起的纹理。真琥珀太阳花从不同角度看都有变化，具有灵气。假琥珀太阳花多为注入品，非常死板，从不同方向观察都没有灵气。

4. 观察珠串打眼处。天然琥珀具有脆性，打眼的地方很难保证完美无瑕，常常可以见打孔时崩掉的小口，甚至留有白色琥珀粉末。而仿制品孔眼几乎一样，比较完整。

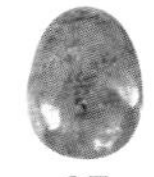

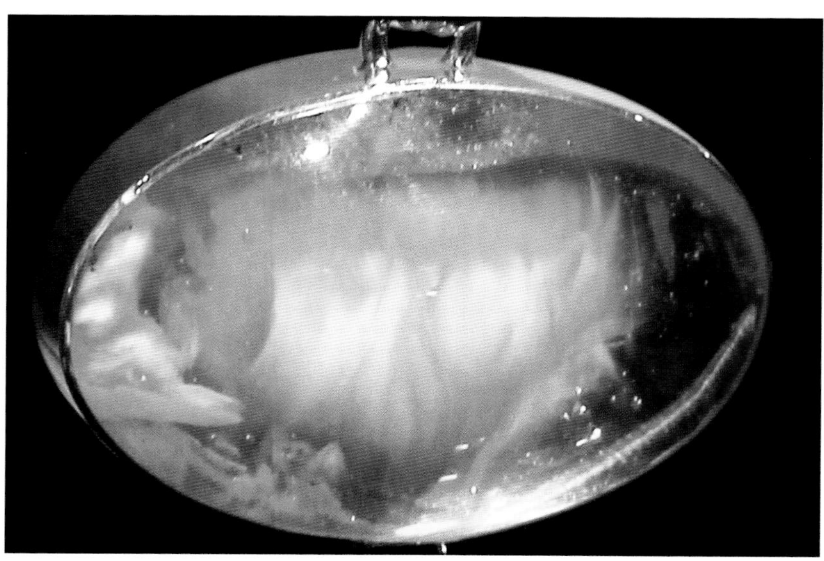

● 波兰琥珀挂坠

此吊坠内所镶琥珀色泽光润，内部有明显的云雾状特征。

5. 观察云雾。天然琥珀内部气泡组成的云雾自然，千变万化，不同角度观察随时变化。蜜蜡最直观的特点就是放大观察有无数小的圆形气泡，组成了像玛瑙一样的花纹。而仿制琥珀中的云雾纹路是由模具形成，形态单一、死板，有时可见人工搅动的纹理。

6. 分层琥珀是天然树脂不断流出自然形成的分层。每层形成时间环境有差别，层与层之间的颜色、包裹物会有细微的差别。琥珀内部的包裹物，如草木碎屑、泥土灰尘会不规律地分布在层与层之间或内部。

● 抚顺金珀

此珀内部含有比较完整的小树枝。抚顺煤矿博物馆收藏。

● 波兰琥珀

在强光的照射下可见其内部有一串大气泡。

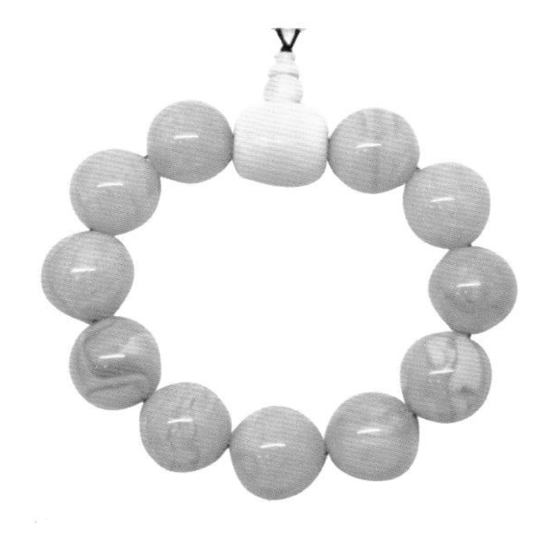

● 分层琥珀

● 蜜蜡手串

此蜜蜡珠粒色泽润泽，可见内部明显纹理。

⊙ 热针测试

用一根细针，烧红后刺入蜜蜡或琥珀，然后趁热拉出，观察蜜蜡或琥珀释放出来的烟的颜色和气味。若产生黑色的烟并带有一股松香气味，就是真琥珀，若产生白色的烟并带有塑胶辛辣味的即是塑料仿制品。柯巴树脂比琥珀更容易插入，也有香味。在拉出针时，观察是否拉出丝来。塑料品会局部熔化而粘住针头，还会出现“牵丝”。琥珀不会出现拉丝，只会在表面留下小孔或黑色痕迹。

⊙ 燃烧测试

如果是琥珀料，取一块，用打火机烧 4 ~ 5 秒，观察颜色及外形。真琥珀颜色会变黑，压制琥珀、柯巴树脂表皮会产生气泡。闻其气味，通常波罗的海琥珀会有松香味，多米尼加琥珀有一种豆香味，抚顺琥珀有松香味并略带煤味。而仿制品是刺鼻、令人作呕的味道。

⊙ 硬度试验

1. 针刺法。在琥珀不重要的位置用针轻轻斜刺琥珀表面。真琥珀会感到有轻微的爆烈感和十分细小的粉渣，因为琥珀具有脆性。如果是硬度不同的塑料或其他物质，要么扎不动，要么扎进去且很黏的感觉。

2. 切割法。用裁纸刀侧切样品表面。琥珀性脆，硬度小，会形成粉末或崩裂的小碎片。塑料仿品韧性大，切割后硬度小的塑料会呈薄片状，硬度大的则切不动。

⊙ 声音测试

将无镶嵌的琥珀珠子放在手中轻轻揉动，会发出很柔和且略带沉闷的声响，而塑料或树脂的声音则比较清脆。

⊙ 摩擦测试

将琥珀在一块软布上来回摩擦，会带有静电，能吸附小纸条。如果是香珀能散发出松香味。

琥珀的仪器鉴定

由于天然宝玉石资源必定有限，因此人们运用现代科技手段对不好的琥珀、碎粒琥珀或其他材料动一些手脚，以此冒充天然琥珀。因此琥珀的鉴定包括琥珀本身如何鉴定、琥珀经过优化处理后如何鉴定、琥珀和相似品如何鉴定、琥珀与其仿制品如何鉴定。琥珀及琥珀优化处理的鉴定一直都是鉴定难题，尤其近年来，琥珀的处理技术有很大的改进，越来越多的新的优化处理技术或仿制新品种出现，给鉴定带来了很大的挑战，过去我们简单地用比重法鉴定琥珀已不再科学，现在必须采用多种手段才能准确确定，许多情况需要靠专业仪器进行检测。从宝石鉴定专业的角度出发，测试宝石的数据非常重要。

⊙ 测密度

鉴定琥珀是真还是假可以用手掂，琥珀的密度为 1.08，质地很轻，当把琥珀饰品投入饱和盐水中（一般 1 ：4 的盐水即达到饱和，当然随着室温的升高，盐的溶解度会增加，这时盐量要增加一些，最准确的就是直到看见容器中的盐有剩余而不再溶了，就一定达到饱和了）会呈悬浮状态，其他如塑料等仿制品的比重比饱和盐水重，则会下沉。但个别仿制品的比重也比较低，在饱和盐水中也呈悬浮状态，这时就要找其他的证据来鉴定了。

● 折射仪

⊙ 测折射率

琥珀是一种非晶质物质，其折射率通常是 1.54 。而一般塑料等仿制品的折射率在 1.50 ~ 1.66 之间变化，很少有与琥珀接近的折射率。

⊙ 溶解试验

在不影响琥珀饰品外观的某些位置滴一滴乙醚，停留几分钟后用手搓，琥珀不会有任何反应，而柯巴树脂仿琥珀则会腐蚀变黏。乙醚挥发后，琥珀不会有任何反应，而柯巴树脂则会腐蚀，并会在其表面留下一个斑点。由于乙醚挥发十分快，有时必须用一大滴乙醚或不断地补充。这里需要注意：首先，由于琥珀制品外表经常打蜡，溶剂滴在蜡上后会呈现白斑，需要先擦去表面的蜡；其次，乙醚、酒精等有机溶剂对琥珀也有一定的溶解作用，长期接触琥珀也会被溶解，所以这个实验应在 1 分钟或几分钟内完成，不应太长时间。

再造琥珀虽然外观很接近天然琥珀，但是如果抹上一点乙醚，几分钟后就会变软，有发黏被溶解的感觉。而柯巴树脂对酒精也非常敏感，表面滴酒精后就会变得发黏或不透明。

⊙ 荧光反应

在紫外线下，天然琥珀或多或少会有一定的荧光反应，呈现一定程度的蓝色。不同产地的琥珀荧光强度不同，由强到弱排序如下：缅甸琥珀、多米尼加琥珀、墨西哥琥珀、抚顺琥珀、波罗的海琥珀。老琥珀、带外皮的烤色琥珀在抛光后才会有荧光反应。

● 缅甸根珀摆件

此摆件在日光照射下呈现深褐色，在荧光下呈现美丽的蓝色。

● 偏光仪

● 红外光谱仪

⊙ 偏光镜检测

将琥珀和柯巴树脂珀放在偏光镜片之间，旋转其中的一片，都会出现七色彩虹现象。

⊙ 红外光谱

柯巴树脂的红外光谱与琥珀有较大的差异。如果还是不能确定，只能到专业的珠宝鉴定实验室用溴化钾粉末法测试红外光谱进行鉴定。

虫珀、植物珀的鉴定

天然的有昆虫的琥珀极为罕有、名贵，价格也极昂贵。天然琥珀里的内含物具有科学价值和收藏价值。哥伦比亚产的柯巴树脂中含有大量的昆虫，一定不要认为是虫珀，尽管它是天然的。市场上假虫珀泛滥，包裹着现代昆虫的假琥珀到处都是。消费者不要以为捡到便宜，轻易下手。需要判断其是否是真正的虫珀、植物珀。

⊙ 虫的形态

天然的虫珀中昆虫等杂物应是立体的，生态自然，每一只昆虫身体上的毛都清晰地成直立状，每条腿的姿态都不一样。甚至有挣扎的感觉，如弯曲身体、残肢或翅膀脱落在旁边。假虫珀通常将死虫放进去，形态死板，有时会被压扁。

● 立陶宛虫珀（局部）

在放大镜下观察，可见其中包含众多苍蝇，苍蝇身体融化后污染了琥珀。

⊙ 虫体颜色

天然琥珀内的虫体及内含植物碎片经过漫长的石化，颜色会减弱，不鲜艳，多为褐色、黑色。假琥珀内的昆虫立即被包裹，颜色鲜艳。

⊙ 内部组织

天然琥珀中的昆虫内脏通常会腐烂，内部为空的或深色腐烂物，蚂蚁等昆虫只保留外壳。如果昆虫在琥珀边部，表面打磨后可以看到内部是空的。而假琥珀昆虫内部是未腐烂的，完整保留。

⊙ 虫体周边

假琥珀虫体周边干净，透明，让消费者看得很清楚。而天然琥珀虫体周边则常常模糊或有异物或周围的颜色总是比其他位置的颜色深，比如旁边有昆虫黑色的粪便。有些大一点的昆虫，嘴前有时还会有它呼出最后一口气时形成的小气泡。昆虫腐烂时气体扩散到旁边，也会形成气泡。昆虫腐烂后产生的液体与树脂发生反应，会形成白色（因为有机质腐烂释放出气泡）或其他颜色物质包围在昆虫周边。

⊙ 昆虫大小

天然琥珀中的昆虫体形小的居多，多为1～2毫米，很多虫珀中含有小于1毫米的昆虫。虽然有大的昆虫，但更为稀有。而且这些昆虫很多长着又细又长的毛腿。而假琥珀中通常为大昆虫，现代昆虫的毛腿通常较短。

⊙ 昆虫种类

天然琥珀中的昆虫大部分已不存在了。波罗的海琥珀中含有OAK橡树毛，是一种已经绝灭的树种。如果你有生物学的专业知识和经验，那么虫珀的鉴定就容易多了。

⊙ 做假虫珀

把当今的昆虫放入到琥珀料中，进行压合。用放大镜观察会看到内部有长形气泡。“虫珀”里的虫子可能有两种：一种是死去的虫子放入到琥珀料中，死去的虫体是压扁的。另一种如果是活着的虫子放入琥珀料中，在融化的热的树脂中，昆虫恐怕也会溶熔化，不可能有完整的昆虫。

● 假虫珀

明白消费

弄清优化琥珀

如果开采出来的琥珀经过简单的切割、雕刻、抛光就非常美丽，可以直接做首饰，那是最理想的，为没有经过优化的天然琥珀。

然而许多琥珀开采出来后净度、透明度不够理想，常有云雾状气泡或包体及裂纹，或者颜色不够理想。商家为使这些琥珀看起来更漂亮，常常采用一些优化的方法，这类优化琥珀在市场上很常见。消费者会问，这些经过优化处理的琥珀是否还属于天然琥珀？这个问题目前已经有了答案。根据国家相关标准确认，经过优化的琥珀仍然属于天然琥珀。优化的方法是对琥珀质量的有效改善，这些方法被市场接受。在鉴定时可以不区分纯天然和优化琥珀，鉴定名称可以直接写琥珀。

目前，由于市场上中低档琥珀需求量很大，特别是一些流行饰物对琥珀的需求量较大。天然琥珀质量不佳，为了提高琥珀的质量或利用价值，常对琥珀进行优化。市场催生了琥珀优化技术的发展，于是市场上出现了优化琥珀。几乎所有的琥珀加工都会进行必要的优化或净化处理，以达到其最佳状态。这种处理保持了天然琥珀原有的物理、化学性质，与地热自然产生的琥珀完全相同。本节将向您介绍优化琥珀的方法和特征，让您明明白白消费。

净化工艺

天然琥珀内部通常含有气泡，影响其美观和透明度。净化的目的就是去除气泡，使琥珀更透明、纯净。原理是对琥珀材料进行加压、加温处理，使其内部气泡溢出，变得澄清透明，然后自然冷却，这种方法也叫压清处理。净化的产品类型主要为金珀和珍珠蜜。和净化前相比，净化可以增加琥珀的美丽程度，可以提升产品的价格。云雾状的琥珀可以放入油池进行净化，因为油会逐步注入气孔，气孔是混浊不透明的主要原因。这种工艺早在2000多年前的古罗马时代就开始使用，人们把云雾状琥珀放在热油中以去除琥珀中的气泡。演化到现在，工艺已经相当成熟，人们采用压力炉通过加温、加压、加入惰性气体（防止氧化变红）实现净化。整个过程中温度、压力适度，不会改变琥珀的内部结构。属于优化工艺，优化后的琥珀仍然属于天然琥珀范畴。

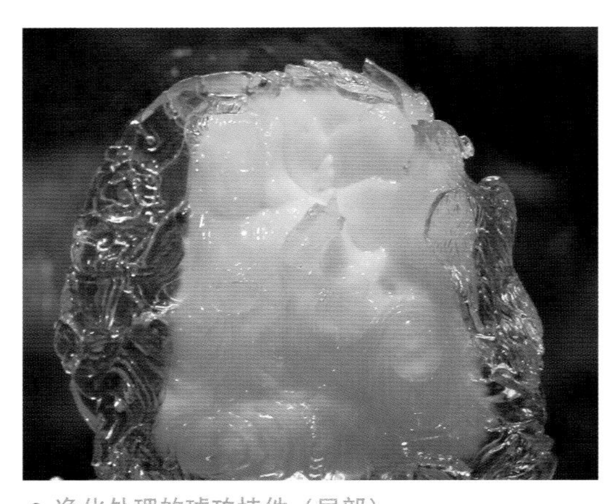

净化处理的琥珀挂件（局部）

净化过的琥珀表面透明，内部还是白色含气泡的不透明琥珀。

优化后的琥珀具有如下特征。

1. 更加透明。市场上很大比例的琥珀在加工时要经过净化工艺，如特别干净的明珀、金珀通常都经过净化工艺处理，是琥珀加工的常用方法。经过净化的琥珀和原来的琥珀相比，在颜色、外观、内部结构上无明显变化，只是内部气泡减少，更加透明。鉴定时无须说明是否经过净化工艺。

净化琥珀观音挂件

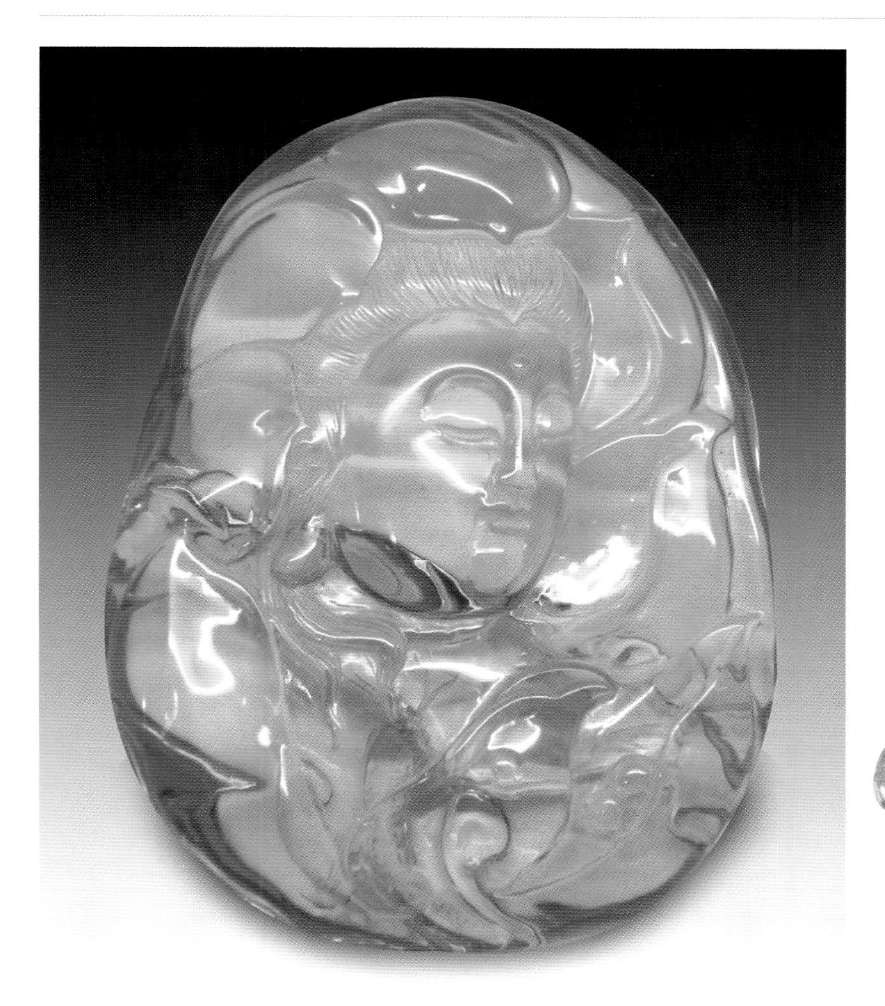

● 净化琥珀观音挂件

2. 边部比中部透明度高。对于块体稍大的琥珀，由于边部的气泡更容易被净化，经常出现边部透明，中间仍然含有云雾。对于蜜蜡来说，边部透明后变成琥珀，中间仍然为不透明的蜜蜡，形成比天然金包蜜更为美丽的净化工艺金包蜜。

3. 珍贵品种不进行净化处理：对于虫珀、植物珀，通常不净化，因为净化处理会使昆虫、植物的形态遭到破坏。

烤色工艺

● 烤色琥珀吊坠

琥珀在自然环境下，经过氧化，颜色会变深，但这个过程需要数十年甚至上百年。烤色工艺是为了加深琥珀颜色，仿造大自然的自然氧化过程，使琥珀表面的颜色变深、变红。经过烤色工艺的琥珀叫作烤色琥珀。烤色工艺过程与净化工艺类似，不同点是净化工艺中会加入惰性气体，而烤色工艺中会加入氧气，烤色往往兼具净化和烤色两种作用。另外，烤色工艺时间会比较长，通常需要几个月的时间，颜色越深，需要的时间越长。烤色工艺不会改变琥珀内部结构，烤色过程中不加入色素和其他物质，仍然属于优化。在 17 ~ 18 世纪，欧洲的琥珀烤色方法是将琥珀放进含有细沙的铁锅中慢慢加热，可以使琥珀的颜色由淡黄色加深到深黄色、棕色甚至黑色。热处理和烤色处理后的琥珀变得更加坚硬，易于保存和佩戴。

● 压制琥珀吊坠

经过烤色掩盖了压制处理的特征。

琥珀加工采用烤色工艺的目的大致分为以下几类。

1. 加深琥珀颜色，满足喜爱深色琥珀的消费者的需求。

2. 制作“老琥珀”“老蜜蜡”。由于加工成本和加工过程的损坏率，烤色蜜蜡比普通蜜蜡价格要高一些。当然这种老蜜蜡和古董蜜蜡在价格上有很大差别。

3. 制作血珀。血珀受到消费者喜爱，然而纯天然血珀比较少，主要见于缅甸和抚顺，颜色暗淡，内部多含有许多杂质，属于低档琥珀。烤色血珀内部干净、颜色鲜艳，受到人们的喜爱。

● 二色琥珀摆件

此琥珀利用表皮色进行俏雕，形态生动，工艺精妙。

4. 制作特殊类型的琥珀产品。烤色后琥珀外皮颜色会变深，一般保留一部分外皮，形成双色琥珀。如果只保留背面琥珀，可以制作阴雕琥珀。

5. 掩盖琥珀内部瑕疵或作假痕迹。把琥珀外皮颜色烤得很深、很暗，保留多数外皮，是为了掩盖琥珀内部瑕疵或作假的痕迹。掩盖瑕疵属于以次充好。如果内部是再造琥珀，外部深色皮包裹，属于掩盖作假痕迹，如再造琥珀的血丝状流动构造。

烤色工艺的特征有以下两方面。

(1)烤色琥珀的最大特征就是内部非常干净且颜色浅，但表面颜色深，呈深褐色、褐红色，在较大的雕件中这种特征更明显。

(2) 早期有在自然环境下琥珀表面自然氧化颜色变深的琥珀，现在很难见到。过去这种自然氧化的深色皮琥珀在加工时会刻意把皮保留在雕件底座或背面，深色可以使透明的琥珀颜色整体显深，更加美丽，这种琥珀是琥珀收藏者寻找的目标，当然价格也会相当高。据说在乌克兰罗夫诺自然保护区、波兰维斯瓦河三角洲等地还能见到这类自然老化琥珀。

爆花工艺

爆花的目的是人工控制，使琥珀内部产生花纹，形成需要的花珀。选择内部有气泡的琥珀，加入压力炉，在一定温度和压力下，突然释放压力，琥珀内部压力平衡打破，气泡膨胀或爆裂，因而形成不同形状的内部花纹，形状似“睡莲叶”，俗称“太阳花”。这些花不影响琥珀的质量，能增加琥珀的美观，在光的照射下，闪闪发光。爆花工艺属于琥珀热处理的一种，到目前为止，我国珠宝行业的国家标准规定经过热处理的琥珀是属于优化，因为对琥珀本身的物质成分没有带入带出。无须做任何说明，可以作为天然宝石一样出售。

● 太阳花琥珀吊坠

爆花工艺产生的花有两种，金色花和红色花。红色花是在爆花工艺中压力炉内加入了氧气，爆花时氧化所致。金色

● 金珀太阳花吊坠

● 太阳花琥珀胸坠

花在爆花工艺中压力炉内加入了惰性气体，爆花时没有氧化，是琥珀的本色。爆花工艺产生花的颜色可控，红花和金花的价格基本一样。

天然爆花市场上比较少见。通常花非常小，也不太美观。而爆花工艺产生的花比较大，琥珀内部干净（爆花前选择比较好的天然透明琥珀，加上爆花过程也有净化作用），最终效果非常漂亮。

无色覆膜

无色覆膜的目的是对琥珀表皮进行保护，增加耐久性。通常的方法是用无色涂料、无色胶喷涂在琥珀底座或表面。无色覆膜没有改变琥珀的颜色和内部结构，属于优化，可以被大众所接受。目前市场上这种方法使用不多。

无色覆膜的方法参照有色覆膜部分。

压固处理

压固处理主要是针对分层琥珀的优化。由于树脂的凝固时间不同，可能会形成分层，层与层之间有明显的分界线，这种琥珀脆性大，易碎，难雕刻。所以在加工这种琥珀时，就要进行加温、加压处理，使其分界线界面之间重新熔结变牢固。经过压固处理的琥珀，叫作压固琥珀。压固琥珀鉴定特征与再造琥珀有些相似，但压固琥珀有明显的分界线，还有流动状红褐色条纹。压固琥珀仍然是天然分层琥珀。再造琥珀是琥珀碎块熔结的，二者有本质的区别。

针对分层琥珀进行优化，让层与层之间黏合得更加牢固。压固后的琥珀层间边界更加模糊，部分保留了原始表皮的杂质和空洞。

拒绝作假

鉴别处理琥珀

在优化方法之外，许多商家采用黏合、压制、染色、有色覆膜、充填等方法处理琥珀，其目的不外乎两个。一是差料、边角废料的再利用，二是商家追求利润，以次充好。根据国家标准，这些处理方法不被市场接受，属于“作假”方法。经过处理的琥珀在销售和鉴定时需要注明“处理琥珀”，也可以标注为琥珀(处理)。本节将向您介绍常见琥珀处理方法和鉴别特征。

黏合琥珀

黏合是为了将两块或多块碎琥珀用无色黏合剂黏合在一起，形成更大的琥珀或特殊造型的琥珀，形成的琥珀叫作黏合琥珀。琥珀放在油中慢慢

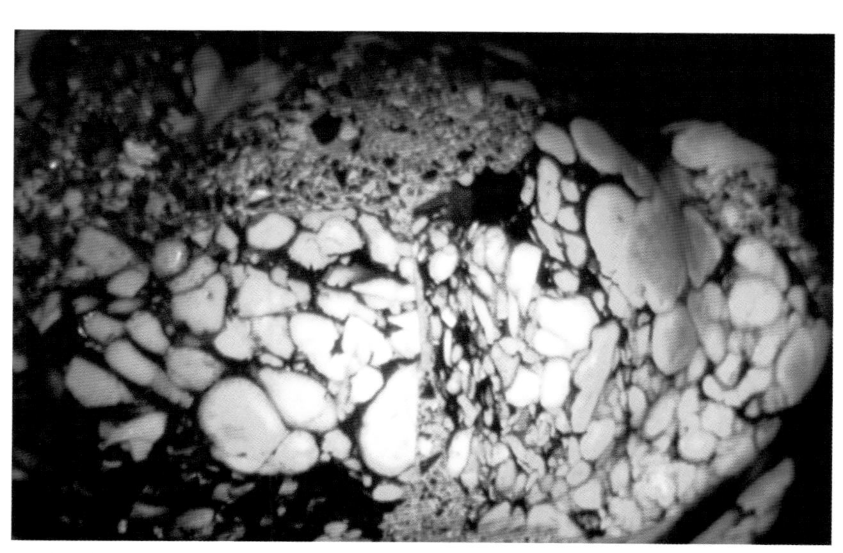

● 黏结琥珀

琥珀呈碎块状，琥珀之间黑色的物质为胶。

加热，会变软，可以弯曲，两块琥珀可以用亚麻籽油模糊边界，然后用加热加压的方法进行拼合。黏合琥珀会出现两种情况。一种是两块或少数几块较大琥珀用黏合剂黏合在一起，形成更大琥珀，缺点是，容易开裂。另一种是一堆碎琥珀用颜色相似的黏合剂黏合压制在一起，构成黏合琥珀。按照国家标准，黏合琥珀属于处理，在销售和鉴定时需要注明经过处理。

黏合的多块琥珀的内部颜色、结构、透明度不一样。仔细观察会发现结合处留有胶的痕迹和气泡。如果是碎琥珀黏合在一起，在荧光灯下可以看出碎裂结构，用高倍放大镜观察，会发现琥珀表面凸凹不平，呈碎块状凸起，并有大量胶质体。

再造琥珀

由于有些天然的琥珀碎料、粉末、边角料无法加工成饰品，商家以天然琥珀碎块或粉末为原料，在压力炉中加压、加温到一定程度，使之融化、烧结，进而形成较大块的琥珀，称为再造琥珀，亦称压制琥珀、熔化琥珀、融合琥珀或模压琥珀，现在又有新名称“二代琥珀”。在以前被扔掉或用作制作清漆的琥珀碎块，现在多数用来制作压制琥珀。这

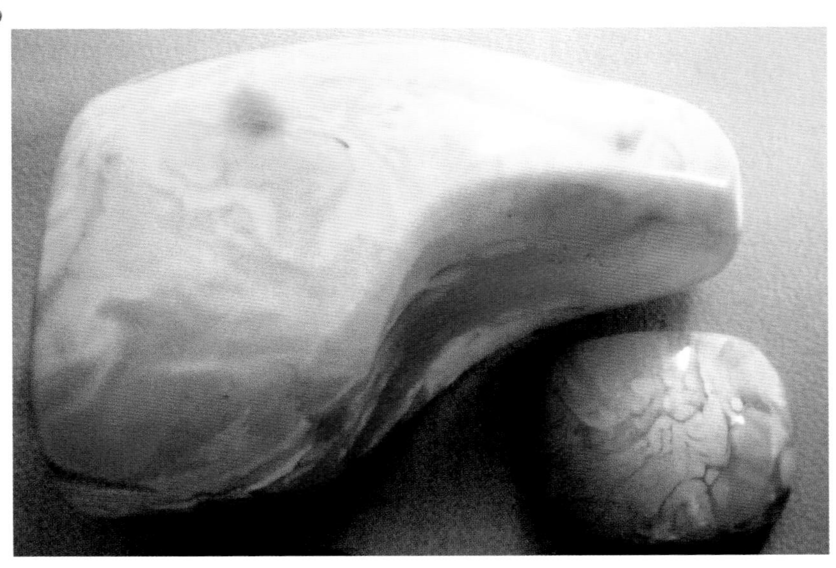

● 压制琥珀随形挂件

● 压制琥珀珠粒

些碎块慢慢加热，排出气体，然后用高压压制成大块或需要的形状，用于制作廉价的珠宝或烟具。为了保证压制琥珀的纯度和高的透明度，要先将琥珀碎料提纯，即把琥珀破碎，分离出杂质。将琥珀粉末、碎料加入容器内，加热到 170 ～ 190℃时，琥珀碎块软化，杂质开始下沉分离。加温到 200 ～ 250℃时琥珀中的气泡被压出。最后加压，大约为每平方米 5 万磅的高压，琥珀被压缩到所需的各种形状的容器中，甚至直接压制成为烟嘴等物品。

压制琥珀是常见的作假技术之一，是市面上最常见的深度处理琥珀。此种技术于 19 世纪末由奥地利研究出来，随后在德国、俄罗斯等国也开始大量研究生产。清末民初，由这种压制琥珀做成的器具在中国曾经流行过，它们多数以红色透明雕刻品的形式出现，比如鼻烟壶、佛像、琥珀碗等。目前在我国市场比较普遍。

如果用 100% 的天然琥珀粉压制，即在压制过程中不添加气体成分，波兰国际琥珀协会将它并入琥珀的一种，但是出售时需要特别说明（也就是说，如果在压制过程中添加了其他物质或色料，就在琥珀分类之外了）。但是价格要比天然琥珀低得多。这样的琥珀制品，使用燃烧法仍然有淡淡的树脂香气，长期佩戴对身体无害。商业习惯中，将压制琥珀归属于人工合成琥珀的范畴，不能算作天然琥珀。

目前市场上还常见一种在压制过程中添加其他有机物，如染色剂、香精及黏结剂等的琥珀。为了让琥珀原料颜色更深，颜色更均一，俄罗斯的好多琥珀原料都经过再造处理，在压制的过程中添加着色剂和各种填充剂，可以得到各种各样颜色的琥珀。

含有“太阳花”的天然琥珀受到消费者喜爱，现在由再造琥珀制成的“太阳花”产品也在市场上出现了。这一点消费者需要特别注意，因为要区别太阳花天然琥珀和太阳花再造琥珀比较困难。

再造琥珀的特征有以下几方面。

1. 再造琥珀常含有定向排列的扁平拉长气泡；天然琥珀内的气泡为圆形。

2. 再造琥珀有时含有未熔化物质，具有粒状结构，琥珀颗粒间可见颜色较深的表面氧化层。在抛光面上，可见因硬度不同而表现出凹凸不平的界限。

3. 短波紫外线下，再造琥珀比天然琥珀的荧光强，再造琥珀为明亮的白垩状蓝色荧光。由于荧光的不均匀表现为粒状结构发光现象。天然琥珀为浅蓝色、白色、浅蓝色或浅黄色荧光；再造琥珀的颜色一般为橙黄色或橙色。

4. 在偏光器下再造琥珀可见应变双折射现象，碎粒状消光分区，界线清楚，颗粒感强。天然琥珀为单折射，蛇带状或波状消光。这种压制的

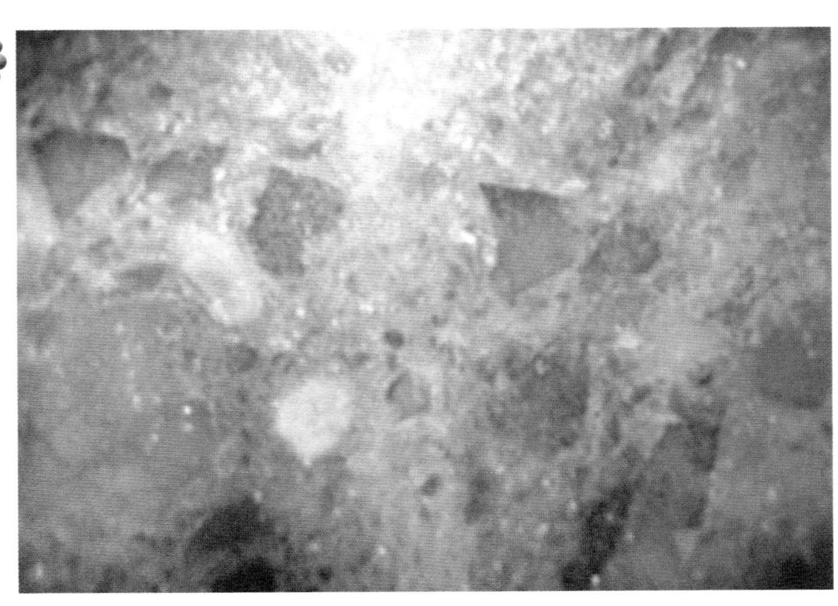

● 在放大镜或显微镜下压制琥珀呈现碎粒状结构

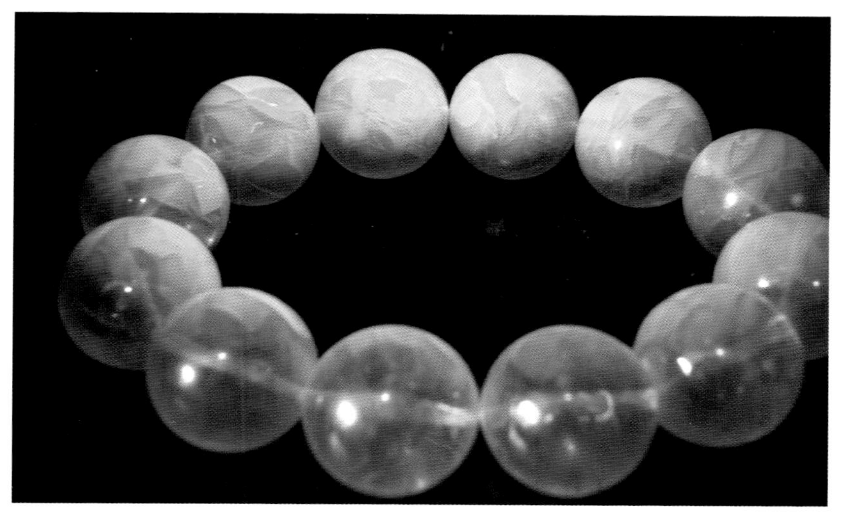

● 荧光下压制琥珀不同颗粒发光效果明显差异

琥珀在偏振光下产生明亮的干涉色。

5. 压制琥珀具有明显的流动构造或糖浆状搅动构造，可以观察到碎片搅动的状态和旋涡状态，具有不规则的纹路，这种纹理也被称为“血丝”“萝卜丝”，血丝的颜色边界是闭合的。

6. 目前新品种的压制琥珀在原来压制琥珀的基础上改善很大，过去可以看到的血丝状构造现在不可见，代替出现的特征是粒状“镶嵌”结构、碎斑—碎基结构、碎粒—碎基结构、碎粉结构、红色斑点结构、碎块胶结结构等。太阳花经过二次复合处理沿裂隙分布。蓝珀中可见紊乱的流纹、面包渣状、破管状等形状怪异的包体。蜜蜡中还见到叶脉状、丝瓜瓤状流动纹。

7. 常用烤色工艺的手段，使再造琥珀表皮颜色变深，这样就加大了分辨的难度。这种情况需要用强光投射照明观察。

8. 通常内部不会有昆虫，因为商家不会把虫珀拿去制作再造琥珀。

9. 再造花珀花纹不连贯，常出现断层，白色部分不是整体连片出现，在紫外线下有碎块感、沙粒感。

染色琥珀

将有裂纹或微裂隙的琥珀，放入染色剂中，有时还通过加压，使有色燃料进入琥珀。琥珀是透明的，部分染色后，整体颜色明显改变。染色多数是为了仿制老化的琥珀、血泊将琥珀染成红色；也有为了仿制绿珀、蓝珀将琥珀染成绿色、蓝色；还可以把琥珀染成深褐色、褐红色，用来仿制老琥珀、蜜蜡；把质量差的蜜蜡染成鸡油黄色的蜜蜡。利用着色剂染色，改变了琥珀的颜色外观，根据国家标准，染色属于处理，不被市场认可。染色琥珀的价格要比天然未经染色的琥珀便宜得多。普鲁士琥珀工匠曾用的染色方法有：把琥珀放在亚麻布和蜂蜜里煮，加热到 1000℃左右时，用有机颜料上色。在欧洲销售的波罗的海琥珀有时也有人工染色，在销售时却告知顾客是“true amber”（真正的琥珀）。

鉴别染色饰品的可行的方法就是用放大镜观察，看颜色在裂隙中是否有加重或堆积情况，对于深色琥珀，需要强光投射才可以看清。如果颜色在饰品的裂隙或凹坑中聚集，说明是染色琥珀。

● 染色绿琥珀饰品

● 覆膜红琥珀手串

此手串中每颗珠子都经过覆膜处理，使其颜色保持一致。

有色覆膜琥珀

在琥珀表面喷涂一层有色亮光漆或胶，以冒充不同深浅红色的血泊、金珀、绿珀等。这种覆膜有两种，一种是在琥珀底部覆有色膜，以提高琥珀颜色（利用反射光）或增加相应色调（如增加红色调、绿色调、蓝色调）或增强琥珀中太阳花的光芒。另一种是琥珀全表皮覆有色膜。由于有色覆膜改变了琥珀原有的颜色，该处理方法不被市场认可，属于处理方法，在销售和鉴定时需要注明处理。

鉴定特征是喷涂的颜色层和原来的琥珀之间无过渡色，而且覆膜琥珀表面的颜色层很浅。注意观察打孔处、雕刻线处，有的地方没有覆膜或有覆膜脱落现象。覆膜颜色不均匀，有的地方甚至有染色胶或涂料堆积，用针可以拨开胶层。用放大镜或显微镜观察覆膜琥珀，可见表面有小突起，不光滑。用有机溶剂涂抹覆膜琥珀表面，覆膜可被溶解，甚至脱落。覆膜的折射率也与琥珀折射率有区别。用红外光谱能进行区分，琥珀与覆膜红外反射光谱有明显区别。

除上述处理方法外，还有化学增白处理方法。维基百科中介绍，在越南的琥珀加工厂加工烟嘴和其他烟具，暗淡的琥珀在车床上，用增白剂、水或者擦亮石及油抛光，最后用法兰绒抛光，显示光泽。

充填琥珀

天然琥珀有时会存在空洞、裂隙。为了利用这类琥珀，商家往往在琥珀的裂隙或坑洞中充填树脂。这种充填方法是在琥珀中添加其他物质，以此改变琥珀的外观，根据国家标准，属于处理。在销售和鉴定时应注明处理。充填琥珀价格要大打折扣。把现代昆虫放在天然琥珀裂隙中，然后充填树脂，是常用的假虫珀制作方法之一。

充填的地方有明显的下凹。透光观察，充填处的树脂

● 有色覆膜琥珀（一组）

与琥珀在颜色、结构、透明度、内部包裹体上都有所区别，可见充填过程留下的气泡。在长波紫外线下观察，充填部位与琥珀主体有不同的荧光色。透明的充填物，在正交偏光下充填部位与琥珀主体呈现不同的消光现象。

贴皮琥珀

充填处理的琥珀容易被识别，有的商家为了掩盖充填的事实，在充填的空洞处、裂隙处再粘贴一层真的琥珀或称之为“假皮”，这样充填的部分就不外漏了。这种琥珀叫作贴皮琥珀。由于所贴皮为真琥珀，且多为烤色的棕红色琥珀表皮，更容易掩盖充填处理的事实，很具有迷惑性。贴皮本身也是对琥珀的处理，而不是优化。

其中充填琥珀部分鉴定特征同上。贴皮部分鉴定特征如下：

通过放大镜检查，可见假皮与琥珀主体之间边界平整、明显，黏合处有胶和气泡。假皮颜色有时与主体颜色有明显差别，二者内部纹理不能互通，二者内部结构不一样。在荧光灯下观察，假皮与琥珀主体的荧光色有差异。如果具备条件，可以取怀疑贴皮结合部位极少量粉末，做红外光谱检测成分，确定是否为胶结物。

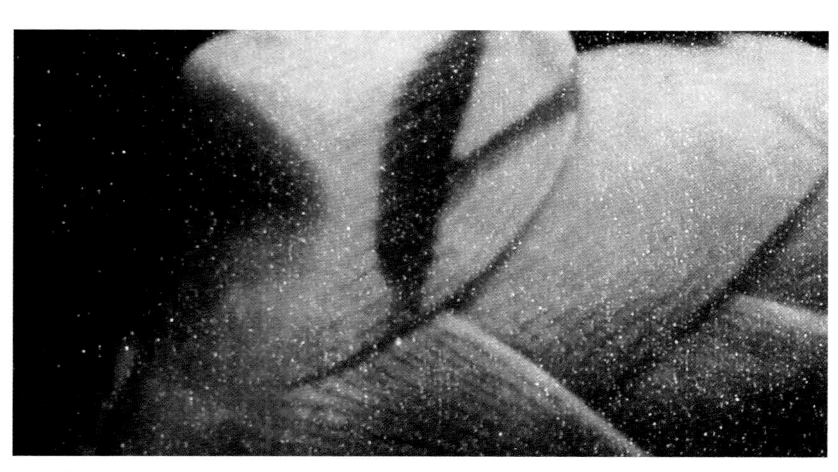

● 贴皮琥珀

长波紫外线下，充填部分（中间 Y 形）与琥珀本体呈不同的荧光性，表面被新的琥珀贴皮。图片由李海波提供。

去伪存真

相似宝石与琥珀的区别

琥珀收藏市场火热的同时也带动了仿制品市场的兴起。提起仿制品，一些消费者一定深恶痛绝。仿制品在某种程度上可以满足人们美化生活的愿望。人们可以用很低的价格换来与天然饰品一样的效果，甚至更好。让人痛恨的是不法经销商唯利是图，以假充真、以次充好。我经常见到部分消费者拿来一些传代的饰品鉴定，经鉴定后我们告诉他（她）饰品是仿制品，他们都接受不了，说几十年或上百年的东西怎么可能是假的。其实，世界各国仿制琥珀在很久以前就出现了。本节将向您介绍常见琥珀仿制品及其鉴定特征。

目前，国内琥珀的仿制品主要有硬树脂、松香、柯巴树脂、塑料、玻璃、玉髓。树脂(resin)指现代未石化(也未入过土)的各种天然树脂，如松香、桦树树脂，新西兰特有的高利树脂等。常见琥珀仿制品鉴别特征如下。

柯巴树脂与琥珀的鉴别

柯巴树脂是琥珀的前身，是年份不足未转换成琥珀的半石化天然树脂。柯巴树脂中常含有昆虫，外观与琥珀极其相似，常被当作琥珀销售。我们将在“专家答疑”章节进行详细论述。柯巴树脂既然不是琥珀，又是天然树脂，二者如何区别?

● 哥伦比亚柯巴树脂

溶解性测试。滴一小滴乙醚在柯巴树脂表面，并用手指搓，会立刻出现黏性斑点。柯巴树脂对酒精更敏感，在其表面滴酒精或冰醋酸后会变得发黏或不透明，而琥珀则不会。现在仿冒技术越来越高，柯巴树脂经过脆硬技术，可以提高柯巴树脂硬度，降低了柯巴树脂对有机溶剂的溶解度，使鉴定难度加大。

● 压制柯巴树脂仿老蜜蜡

荧光测试。柯巴树脂基本没有荧光反应。但也有例外，现在有的处理过的柯巴树脂也会有荧光。

包裹物检测。柯巴树脂产自热带森林，其内部也常包裹有昆虫。其中的昆虫为近代种类，通常比较大，触须短。琥珀中昆虫年代老，个体多小，触须长。此外还经常见到后期注入假虫的柯巴树脂，因为柯巴树脂熔点低，约在150℃，用来制作假虫珀更容易。这种情况的鉴别在前面的虫珀鉴别方法中已经介绍过。

红外光谱检测。柯巴树脂与琥珀红外光谱特征不同。

● 现代树脂

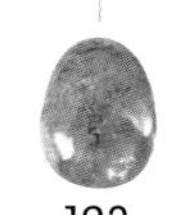

硬树脂与琥珀的鉴别

硬树脂是一种地质年代很新的半石化树脂，成分与琥珀类似，但不含琥珀酸，而且挥发分比琥珀含量高。物理性质与琥珀相似，只是更易受化学腐蚀。

检验方法如下：滴一滴乙醚在硬树脂表面并用手揉搓，硬树脂会软化并发黏，琥珀则无此现象。在短波紫外灯下，硬树脂是强白色荧光。用热针接触硬树脂更容易熔化。硬树脂中也有可能包裹天然的或人为置入的动植物。

● 人造树脂手链

松香与琥珀的鉴别

松香是一种未经地质作用的树脂，淡黄色，不透明，树脂光泽、质轻、硬度小，相对密度与琥珀接近，表面有许多油滴状气泡。松香与琥珀区分方法如下。

味道：松香燃烧时有芳香味，且香味明显比琥珀浓。

熔点：松香受热软化、熔点比琥珀低得多，松香加热到 72 ～ 76℃开始软化，而琥珀要加热到 150℃才开始软化。松香熔点为 110℃ ～ 135℃，琥珀熔点在 250 ～ 300℃之间。松香仿琥珀、蜜蜡多使用加热熔化后浇注到模具中的方法。

溶解实验：将少量有机溶剂，如乙醚、酒精，涂抹在松香上，松香表面会发软，琥珀则无明显反应。

质地：松香质地比蜜蜡软。松香灌入模具成型后不易加工，钻头热，松香熔点低，很容易粘住钻头。

硬度：松香硬度小，用手可捏成粉末。琥珀硬度比松香大，用手捏不碎。

气泡：用放大镜观察，可见松香内部气泡经压制后为压扁拉长形状。而天然琥珀的气泡多为圆形或各种不规则形状。松香内部气泡较多，气泡大。一般琥珀都经过加热内部很少有气泡，多为太阳花。只有蜜蜡有气泡，而且是成群的极小的密密麻麻的气泡。

刀削试验：用壁纸刀侧切松香，有黏软感。琥珀则硬一些，有脆性，呈粉末状。

紫外光：松香在短波紫外线下呈较强的黄绿色荧光，与琥珀不同。

● 黄褐色松香

塑料与琥珀的鉴别

塑料仿制琥珀很容易，也很逼真。很多塑料仿琥珀制品以原料形式出现，在一批琥珀原料中，混入少量塑料仿品。塑料类主要有酚醛树脂、酪朊塑料、安全赛璐珞、氨基塑料、有机玻璃、聚苯乙烯等材料。早期的塑料有明显的流动构造。近期的塑料从颜色到太阳花都能仿制，与琥珀极为相似。塑料尽管可以仿制琥珀非常逼真，但可从以下几个方面区分。

折射率不同。塑料的折射率在 1.50 ~ 1.66 之间，赛璐珞密度为 1.33，但很少与琥珀的 1.54 相近。

密度不同。用饱和盐水测密度，只有聚苯乙烯密度是 1.05 ~ 1.07 克 / 厘米 ^{3}，在饱和盐水（密度是 1.18 克 / 厘米 ^{3}）中悬浮，大部分塑料在饱和盐水中都下沉，琥珀则呈悬浮状。

硬度及脆性测试。用小刀在物品上切割时，塑料会成片剥落，琥珀则产生小缺口。

用热针试验。热针插入不同材料时，塑料会冒白烟，有各种异味；琥珀有黑烟，有松香的芳香味。

燃烧试验。燃烧时，塑料会熔化，琥珀只留下黑色疤痕。

聚乙烯味道。近来在市场上出现由聚乙烯树脂制成的爆花琥珀仿制品，其鉴别非常容易，加热的时候，它们会散发出聚乙烯特有的味道。

● 琥珀仿制品

琥珀仿制品的颜色亮丽，且颜色均匀。也有仿冒太阳花琥珀的赝品。

玻璃、玉髓与琥珀的鉴别

用玻璃、玉髓仿琥珀比较容易识别。

密度区分。玻璃、玉髓的密度分别为 2.4 克／厘米^{3}和 2.6 克／厘米^3，比琥珀的 1.06 克／厘米^{3}大很多，用手掂明显感觉重，很容易区别。

测试硬度、脆性。玻璃、玉髓的硬度都比琥珀的硬度大，玉髓是一种隐晶质的石英质玉石，成分为二氧化硅，硬度 6 ～ 7。琥珀硬度小，为 2 ～ 3，用小刀在饰品背部隐蔽的地方轻轻刻画，琥珀非常容易划动，并留下划痕。玻璃、玉髓则无任何痕迹。

查看光泽。玻璃、玉髓、琥珀的光泽不同，玻璃、玉髓为玻璃光泽，琥珀为树脂光泽。

手感。玻璃、玉髓热传导快，手感凉。琥珀是热的不良导体，手感比较温和。

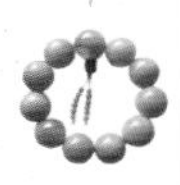

● 仿琥珀玻璃项链

淘宝实战

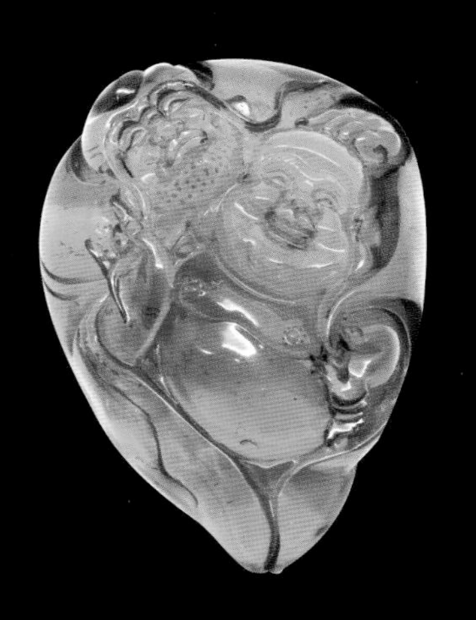

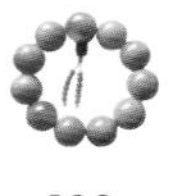

行情分析

琥珀蜜蜡市场近况

本节从国内市场琥珀来源、不同产地琥珀与价格的关系、世界上主要琥珀集散地、琥珀供给和琥珀需求等几个方面下介绍琥珀蜜蜡市场行情。

国内市场琥珀来源

目前国内琥珀市场主要来自五个产地，即波罗的海、中国抚顺、缅甸、多米尼加共和国和墨西哥。波罗的海琥珀占据中国琥珀最大份额，绝大多数琥珀来自波罗的海周边。颜色以黄色为主，呈透明或半透明状，总体质

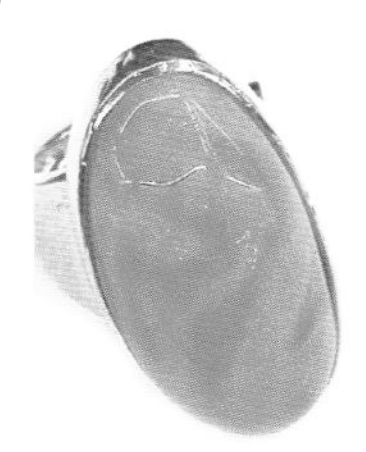

● 波兰琥珀戒指及项坠

量较好。波罗的海琥珀量大，行情相对稳定，一直稳中有升。抚顺琥珀由于资源枯竭、产量少，已停止开采，目前价格很高。好的多米尼加蓝珀由于稀少，价格也很高。墨西哥琥珀的蓝色明显不如多米尼加琥珀，其价格比多米尼加琥珀低。优等的缅甸琥珀产量有限，老矿区储量减少，已限制开采，近几年价格增长比较快，其中优质的金珀、血珀、虫珀都具有一定收藏价值。其他地区的琥珀总体产量很少，中国市场份额很少，特征不够明显，建议普通消费者不要考虑。

琥珀集散地

许多人说到矿区买宝石会便宜。这种说法并不完全正确，俗话说，货到源头死。矿区是开采矿藏的，不是商贸区。即使有少量销售产品，消费者去了也不一定找得到。各种渠道开采的矿，最终都会到集散地进行销售，如同我们的农贸批发市场。下面我们看看世界各地的琥珀集散地。

⊙ 俄罗斯加里宁格勒琥珀市场

俄罗斯的加里宁格勒以盛产琥珀著名。波罗的海海滨城市加里宁格勒，位于俄罗斯最西部，波罗的海塞姆特兰半岛西北部，有“琥珀之都”的称号。它离俄罗斯本土有600多千米，也是俄罗斯的一块“飞地”。加里宁格勒市是一座美丽的海滨城市，好似幅美丽的水彩画，道路干净整洁，两旁是成片的树林，苍翠无边，远远望去，绿海掩映中，哥特式教堂红色的塔尖，直刺蔚蓝的苍穹。

加里宁格勒州有着悠久的琥珀开采和加工历史，17世纪是琥珀加工的鼎盛期。20世纪60年代，琥珀又开始开采加工。加里宁格勒洲琥珀储量很大。西部海滨小镇扬塔尔内镇（Янтарный，意为琥珀镇）西临波罗的海，是该地区琥珀最大的产地。而世界上最大的琥珀矿位于加里宁格勒的波罗的海沿岸。

为了展示琥珀的魅力，加里宁格勒建立了琥珀博物馆。当地居民称不参观琥珀博物馆，就等于没有到过加里宁格勒。加里宁格勒琥珀博物馆有八大展厅，位于以弗里德里赫伯爵名字命名的五角堡垒，建于19世纪中期，

● 琥珀国际象棋

当时属于哥尼斯堡城市防御建筑，1977 年修缮后成为琥珀博物馆。在加里宁格勒州“琥珀村”是最大的琥珀联合企业，琥珀博物馆隶属于该企业，展出了该厂 100 多年来生产的各种琥珀制品。加里宁格勒的琥珀博物馆收藏了 3000 多件虫珀，有蚊子、苍蝇、蜘蛛、甲壳虫等，当地人称之为“琥珀藏蜂”。有的琥珀里的昆虫形态非常清晰，栩栩如生，似乎刚刚落定就被松脂突然裹住了一样，好似历史的瞬间定格成为永远，同时把远古的律动传达给今天。加里宁格勒琥珀博物馆是世界上收藏琥珀珍品最多的博物馆，不仅珍藏有动植物琥珀，还藏有一根镶满了珠宝的琥珀手杖，那曾经是哥尼斯堡国王的藏品。

加里宁格勒人以拥有琥珀为荣，几乎人人都佩戴各式各样的琥珀饰品。他们认为琥珀不仅美观，而且具有保健的功效，可以用于医学和制药工业。每家也少不了琥珀装饰物，品种从花瓶到油画，从锦匣到镜框，从各式摆件到很多用品。当地人告诉我们，琥珀是古代松柏树脂落入地下形成的化石，他们称之为“太阳石”。据说琥珀生成过程中聚集了很多能量，佩戴琥珀可以释放能量给人体，不但美观高贵，还可以强身健体。

徜徉在加里宁格勒市街头，下榻在宾馆，包括在机场候机厅，大大小小的琥珀店和琥珀摊位处处可见。在列宁大街两侧的商店，最引人注目的是各种各样的琥珀制品。各种造型的胸针、串珠、项链、耳环、手镯、戒指、烟斗、首饰盒、花瓶，以及装有镜子的琥珀镜框，黑黄相间的国际象棋盘、帆船、各种小动物等。在阳光照射下，部分含有苍蝇、蚊子等昆虫、植物残枝和叶片的琥珀闪着片片亮光，犹如太阳的光芒，格外惹人注目。

⊙ 波兰格但斯克琥珀市场

波兰有世界最大的琥珀加工厂和集散地。波兰第二大城市格但斯克市及其附近的几个城市是波兰琥珀最重要的原料集散地，波兰琥珀加工企业也主要集中在该区域。

波兰人开采琥珀已有几千年的历史。早在古罗马时期，波兰人开采、制作琥珀的工艺就达到了相当高的水平。当时罗马的很多达官贵人爱好收藏琥珀制品。格但斯克最古老的琥珀工坊可以追溯到 10 世纪晚期，主要生产圆珠、戒指、吊坠、工艺品和护身符等。997 年圣安德拉波特将基督教引入该区域后，考古学家在这个区域先后发现了 1000 多家琥珀工坊，他们主要生产日常用的琥珀念珠及用品。16 ~ 18 世纪是格但斯克琥珀工艺发展的鼎盛时期。然而，由于琥珀制品易碎的特性，能够流传下来的古董琥珀艺术品数量非常少。

● 波兰琥珀项链、项坠

● 2014 年格但斯克国际琥珀展

格但斯克在历史上和现代社会中都位于琥珀贸易之路上，格但斯克被誉为“世界琥珀之都”。格但斯克琥珀艺人协会成立于 1477 年，格但斯克琥珀工艺品鼎盛时期是 16 世纪、17 世纪和 18 世纪。在富商、贵族、上层社会、神职人员、波兰王室的要求下，制作了大量琥珀工艺品。300 年后，格但斯克又开始兴起雕刻大型独特琥珀工艺品，而不是琥珀首饰。格但斯克琥珀艺人的传统是雕刻纪念雕塑、装饰品和日常用品。当今琥珀主要用于珠宝饰品，琥珀首饰的流行趋势回到 50 年前，这又激起了艺术家和琥珀生产者的兴趣。

2000 年 2 月，格但斯克市长宣布建立格但斯克琥珀博物馆，作为格但斯克历史博物馆的一个分支（由于历史原因西普鲁士自然博物馆在“二战”之前就存在）。格但斯克琥珀博物馆于 2006 年 6 月 8 日正式挂牌，是格但斯克旅游发展战略的重要组成部分，也是重要的文化事件。格但斯克琥珀博物馆的临时地址在一排 14 世纪哥特式建筑内。这些建筑部分有文艺复兴时期的元素，在欧洲建筑中也是独特而唯一的，曾经是中世纪时主要的防御堡垒要塞，叫作格但斯克外堡垒。目前坐落在格但斯克老城两

● 琥珀雕件

每款小象长约 5 厘米，形象生动，雕琢技法巧妙，体现个性化设计。

条主要旅游街道的十字路口。建筑物的结构使展会分成两部分，形成两条旅游路线两个展览主题的格局。第一部分是琥珀及琥珀艺术品的历史，主要位于后来的监狱大门，更能体现数百年前的历史沧桑。第二部分是建筑爱好者，主要是一楼前门，具有丰富迷人的历史。

琥珀是波兰最具特色的旅游工艺品，大部分到波兰来的外国人都要买一些琥珀饰品带回去。波兰琥珀的最大特色是“琥珀镶银工艺”，琥珀镶银增加了琥珀的牢固度，对琥珀起到很好的保护作用。由于格但斯克独特的琥珀镶银工艺，俄罗斯、立陶宛、德国、瑞典和乌克兰等国家的琥珀商，都将当地出产的琥珀送到这里加工，然后再销往世界各地。波兰琥珀饰品处处体现设计者的艺术构思，有简单的流线形设计，有充满欧陆风情的古典造型，淋漓尽致地体现琥珀温润通透的天然属性。

长期以来，琥珀的主要市场都在欧美，美国一直是波兰琥珀的最大进口国。自 1994 年以来，格但斯克每年春季和秋季举办两次琥珀节暨展销会，春季展会以批发为主，主要针对业内的琥珀采购商，秋季展会则同时对公众开放零售。格但斯克展销会已经成为全世界最大的琥珀展销会和中东欧地区最重要的珠宝饰品交易平台。每年在波兰格但斯克举办的“波兰格但斯克国际琥珀博览会”到 2015 年已经举办了 22 届。展会有 450 个展位，展位面积 6000 平方米，参展商主要来自波兰、比利时、捷克、德国、意大利、立陶宛和乌克兰，吸引了来自 50 多个国家和地区的参观人士。展会如同缅甸的公盘，是全球琥珀市场的风向标。展览期间举行的琥珀首饰设计大赛已经成为欧洲琥珀饰品设计的风向标。春季琥珀展只面对业内人士开放，下面我们看看最近几届的情况。

2012 年第十九届波兰格但斯克国际琥珀博览会共吸引了来自世界各地，包括许多中国的采购商在内的近 7000 人参会，琥珀及琥珀饰品价格较三年前已经上涨了约 4 倍。随着珠宝消费在中国的兴起，越来越多的中国消费者把目光转移到堪称“活化石”的琥珀上，来自中国的琥珀采购商人数和订购量不断攀升，采购量已经超过本次博览会总成交量的一半以上。

2013 年 3 月 20 日，第二十届波兰格但斯克国际琥珀展会上中国买家逐渐增加，商家推出了一些带有中国元素的作品，如琥珀佛像、龙等，中国人成为最大的买家。本届展会上琥珀和蜜蜡产品的价格均有上涨，特别是蜜蜡。在本届琥珀节上，来自中国的买家络绎不绝，不少波兰琥珀厂家甚至聘用中国人或者懂汉语的大学生向中国买家推销产品。“中国”成为本届琥珀节上最热门的词语。

2014 年 3 月 19 日，第二十一届波兰格但斯克国际琥珀展会总体来说有三大特点。第一，采购团体仍以华人为主，大批量采购居多。各国生产商在展品设计中加入了更多的中国元素迎合中国消费者的喜好。第二，蜜蜡市场升温，价格高得离谱。第三，压制琥珀逐渐增多。

2015 年 3 月 22 日，第二十二届波兰格但斯克国际琥珀与珠宝展览会展品琳琅满目，现场人头攒动，华人面孔继续增多，很多展商提供中文介绍。国际琥珀协会副会长米豪说，中国深圳地区近年来出现大批琥珀加工商，他们不断增加购买琥珀的资金，中国的消费市场正在改变欧洲琥珀销售的格局。近年来琥珀原石价格大幅上涨，使得琥珀饰品迈入以个性化消费为主的奢侈品市场。

⊙ 波兰首都华沙琥珀集散地

波兰最大的城市华沙是波兰琥珀最大的零售市场和成品集散地。许多西欧国家以及美国、加拿大、中美洲的一些国家及中国香港都在该地开设办事机构，从事琥珀交易。而华沙的一般珠宝公司及工艺品柜台摆满了各种琥珀制成的首饰镶嵌工艺饰品及摆件，市场消费力很强。外地游客到波兰旅游，琥珀成为首选纪念品。华沙每年的琥珀零售额达 100 万美元，是华沙零售业中大宗收入商品。由于波兰政府严格管制黄金，因此，琥珀绝大多数使用银镶嵌包边加工，加工企业以家庭作坊式的小工厂为主，部分工厂也引进意大利、比利时和奥地利等国的加工设备进行较大规模的批量生产。琥珀饰品的花式千姿百态，但大多以小件首饰、饰物和小摆件为主，大型雕刻工艺品相对较少。

● 波兰琥珀吊坠

⊙ 立陶宛琥珀集散地

提到立陶宛就不得不提到琥珀，立陶宛琥珀是波罗的海琥珀的重要组成部分。立陶宛南部海滨城市帕兰加琥珀博物馆是波罗的海众多琥珀博物馆中最大的一座，馆内收藏了15000多件珍贵的虫珀，其中有一块内含蜥蜴的珍稀虫珀。蜥蜴的动作非常敏捷，能被树上滴下的松脂粘住的机会非常小，全世界只发现3块含有蜥蜴的琥珀。

在立陶宛有数不清的琥珀加工厂和作坊，琥珀业造就了许多出色的工匠。在西部海滨内林加也有一座琥珀博物馆，琥珀艺术家展示了传统的加工工艺。立陶宛琥珀主要用途是打造精美的琥珀饰品，还能用琥珀做成画、轮船、象棋等工艺品，成为立陶宛文明发展的象征之一。

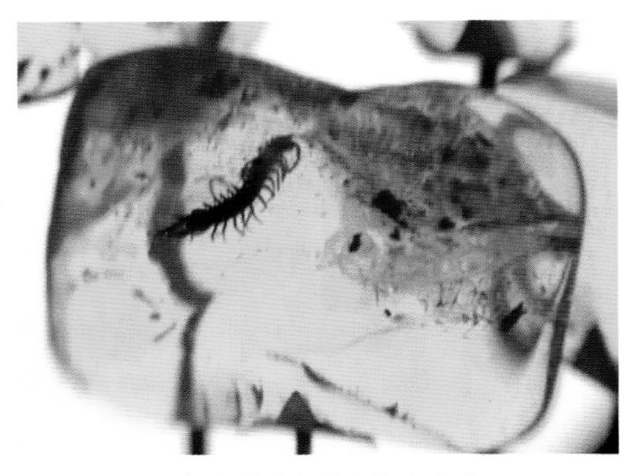

● 包含毛毛虫的立陶宛虫珀

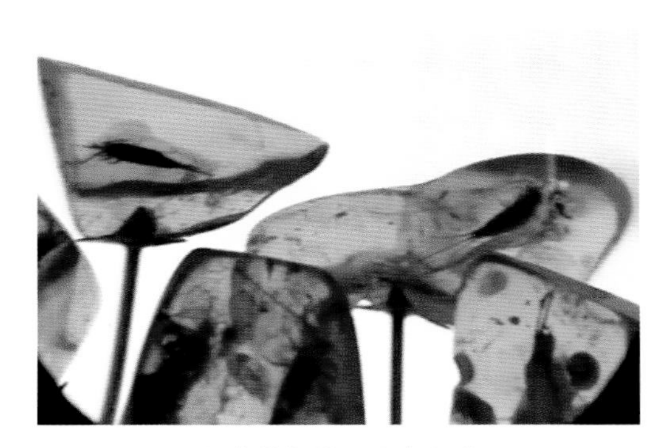

● 包含蟑螂的立陶宛虫珀

● 立陶宛帕兰加琥珀博物馆

⊙ 缅甸琥珀集散地

缅甸琥珀矿区在琥珀山，那里很难进入，那里也不是最佳购买琥珀的地方。去缅甸购买琥珀，最佳地点在缅甸密支那。如果在中国购买缅甸琥珀，最佳地点是云南腾冲。当然这些地方更多是面向琥珀经销商的，消费者去了拿到的还是零售价。事实上，现代物流发达，体积如此小的珠宝玉石物流成本更低，销售成本中物流成本比例小。

● 云南腾冲的琥珀市场

⊙ 国内琥珀市场集散地

国内琥珀的集中生产批发基地主要在广州的荔湾广场、番禺大石镇，深圳的松岗燕川、水贝，北京的潘家园。琥珀只是中国众多珠宝玉石中的一个品种，所以国内珠宝玉石集散地通常都有琥珀。抚顺琥珀生产批发主要在抚顺市，因为“货”在民间。

● 煤精琥珀博物馆

● 辽宁抚顺古城子路琥珀一条街

琥珀供给情况

现今的琥珀市场上有波罗的海琥珀、抚顺琥珀、缅甸琥珀及多米尼加琥珀。

⊙ 波罗的海琥珀

波罗的海琥珀是琥珀市场的主流，约 90% 的琥珀原料来自波罗的海地区。波罗的海琥珀历史悠久，但早期利用量很小。从中世纪开始琥珀得到大规模利用，17 ~ 19 世纪达到顶峰，这一时期琥珀的开采量也是最大的。现在看来，这一时期琥珀属于过度性开采，大量资源被浪费。在欧洲，许多低档琥珀被作为焚烧的香料。

现在各国政府发现琥珀资源有限，为可持续发展和本国经济利益，开始限制琥珀开采及原料出口，使琥珀供给进入新常态阶段。

天然琥珀是自然资源，按照以前的开采速度，波兰琥珀的矿藏几十年后将近枯竭。好的工艺品，有时很难用金钱来论价，是无价之宝，是国家或私人收藏的珍品。这些国宝无法再生，无从采集。波兰政府及时认识到这一问题的重要性，设立专门机构，要求合理开发、利用琥珀，对琥珀的开采、制作、销售以及出口加以限制、规范。

由于近年来波兰政府限制琥珀的开采，波兰琥珀的价格越来越高，因而国内直接来自波兰的琥珀越来越少，几乎不到 3%。国内大部分琥珀从深圳、广州进货，深圳、广州有很多琥珀加工厂和销售商，他们的琥珀主要从俄罗斯或立陶宛进口原料，国内加工。俄罗斯、立陶宛的琥珀原料相对便宜许多。随着俄罗斯等国天然琥珀的过度开采，琥珀产量日渐萎缩，天然琥珀近年来在国际市场上的价格也节节攀升。

业界到处都在说琥珀资源短缺，价格要暴涨。其实这些消息都是琥珀商散播的，笔者没有看到正规的官方资讯。从目前的资料看，国际市场上琥珀的供应是充足的，但开采难度越来越大。目前中低档琥珀市场需求仍然很大，特别是一些流行饰物对琥珀的需求量巨大，市场上出现了许多琥珀“代用品”，如压制琥珀和琥珀仿制品。

● 琥珀弥勒佛摆件

⊙ 抚顺琥珀

我国只有抚顺琥珀的质量较好，可达到宝石级，但目前已经基本开采殆尽。抚顺琥珀从20世纪初开始开采，到20世纪70年代、80年代达到顶峰，即使那时的产量也很小很小，只是煤矿的副产品。当时还有许多资源被浪费，人们认为抚顺花珀是很低档的琥珀原料，大多用来烧火。因为琥珀含有松油，炉火不旺时加一铁锨花珀原石到炉子里，火就蹿起来了。现在看起来十分惋惜，一铁锨十几万元没了。而早期开采出来的抚顺琥珀好多被日本人掠夺走了。目前市场上抚顺琥珀多数是过去留存的产品，很少一部分是煤矿开采中偶尔捡到的新琥珀。抚顺琥珀已经在抚顺周边地区形不成规模的销售。经营模式是少数经销商先收购再销售，或者收藏者之间的相互转让。

● 抚顺琥珀原石

● 抚顺煤黄

内部是琥珀，外皮是煤，产于辽宁抚顺。

⊙ 缅甸琥珀

缅甸是亚洲闻名的琥珀产地，其琥珀贸易历史悠久。早在公元1世纪就通过南北丝绸之路传入中国中原地区，明清时期许多琥珀来自缅甸。根据印度地质勘查局记录，缅甸从1898年至1940年平均年产量只有1900千克，1906年产量最大，达到11000千克。1941年停产，琥珀贸易、加工几乎停止。1947年缅甸独立后琥珀停止外销，1989年缅甸琥珀又开始外销。缅甸琥珀的主要市场是中国，通过边贸在云南销售。

2010年前，缅甸琥珀产量不大，国内琥珀市场也不大，国内珠宝鉴定机构都不做缅甸琥珀真伪的鉴定，除了比较熟悉缅甸的云南商家之外，别的商家不敢经营缅甸琥珀。缅甸琥珀进入中国也基本在云南范围销售。

近几年国内琥珀市场兴起，人们开始认可缅甸琥珀，缅甸琥珀才批量进入中国，中国是缅甸琥珀的最大市场。目前缅甸琥珀矿开采方式原始，储量不明，开采难度大，矿区地理位置偏僻，交通不便，总产量不大。

● 缅甸血珀手串

此手串血珀珠粒硕大，颜色浓郁，可谓上品。图片由地大世家提供。

⊙ 多米尼加琥珀

多米尼加琥珀开采历史也比较早，早在15世纪，哥伦布第二次航海经过多米尼加北海岸，遇到一位泰诺人首领，首领送给哥伦布的礼物中有一双镶有精美琥珀的鞋，船员们都被震惊了。早期的多米尼加琥珀都是很小规模地开采，在20世纪40年代开始闻名世界。主要原因是“二战”后德国失去了东波罗的海最重要的琥珀矿区柯尼斯堡（现俄罗斯加里宁格勒），苏联及盟国限制琥珀出口，使琥珀加工大国德国缺乏琥珀原料，德国工匠到多米尼加寻找琥珀。1950 ~ 1960年，多米尼加琥珀大量开采，并以原料形式出口。多米尼加琥珀开始并不被欧洲人认可，因为其琥珀酸含量达不到波罗的海琥珀中4% ~ 6%的琥珀酸含量。后来欧洲人认识到多米尼加琥珀并不比波罗的海琥珀逊色，多米尼加琥珀的透明度以及丰富多彩的颜色征服了许多琥珀收藏者。德国斯图加特自然历史博物馆目前是欧洲多米尼加琥珀收藏种类最全的展厅。1991年，苏联解体后，波罗的海的立陶宛、爱沙尼亚、拉脱维亚开始大量出口琥珀，多米尼加琥珀受到冲击，价格下降一半，多米尼加琥珀出口量开始萎缩。目前多米尼加琥珀的主要销售市场是美洲，近几年在中国市场上见到大量多米尼加琥珀。

最著名的多米尼加琥珀要数蓝珀，国内市场上的蓝珀多来自多米尼加。目前由于多米尼加对琥珀出口进行限制，加上蓝珀本身产量很少，所以多米尼加产的蓝琥珀价格一直居高不下。

● 墨西哥蓝珀饰品

琥珀需求情况

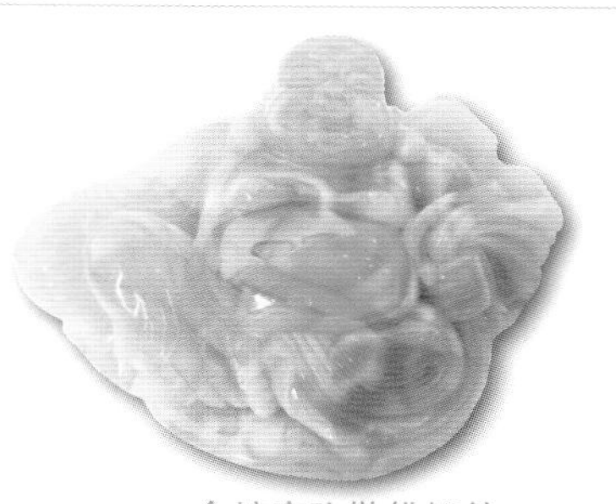

● 金绞蜜弥勒佛摆件

对于琥珀市场的需求情况，我们将从国际市场和国内市场两方面进行分析。

⊙ 国际市场

琥珀市场遍及全球，国际性的琥珀市场主要集中在美国、加拿大、意大利、日本以及出产琥珀的国家。琥珀是欧洲最传统的宝石，需求量仍然很大。近几年，中国琥珀市场崛起，琥珀需求量大增，更增加了琥珀总体市场需求。琥珀是一种流行很广、价值很高的宝石。而琥珀中因含有各种昆虫，如蜘蛛、蚂蚁、蚊子及种子、炭化的树叶等更被视为为数不多的收藏珍品。鉴于天然琥珀的产量越来越少，特别是珍稀品种一价难求。预计在今后相当长的一段时期内，天然琥珀艺术品的收藏与投资会很有市场。

● 蜜蜡挂件

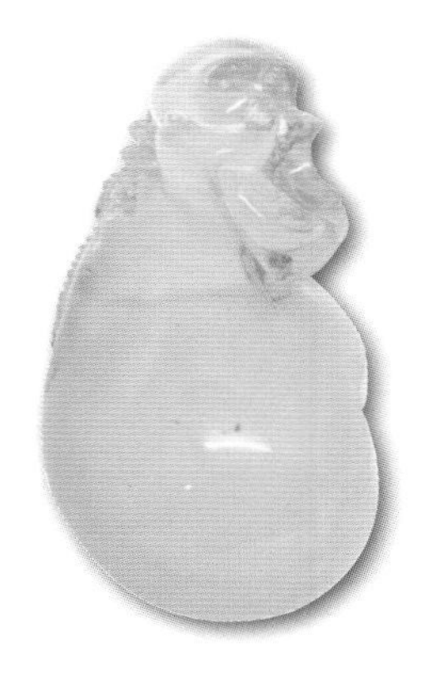

● 蜜蜡挂件

● 金绞蜜蜜蜡念珠

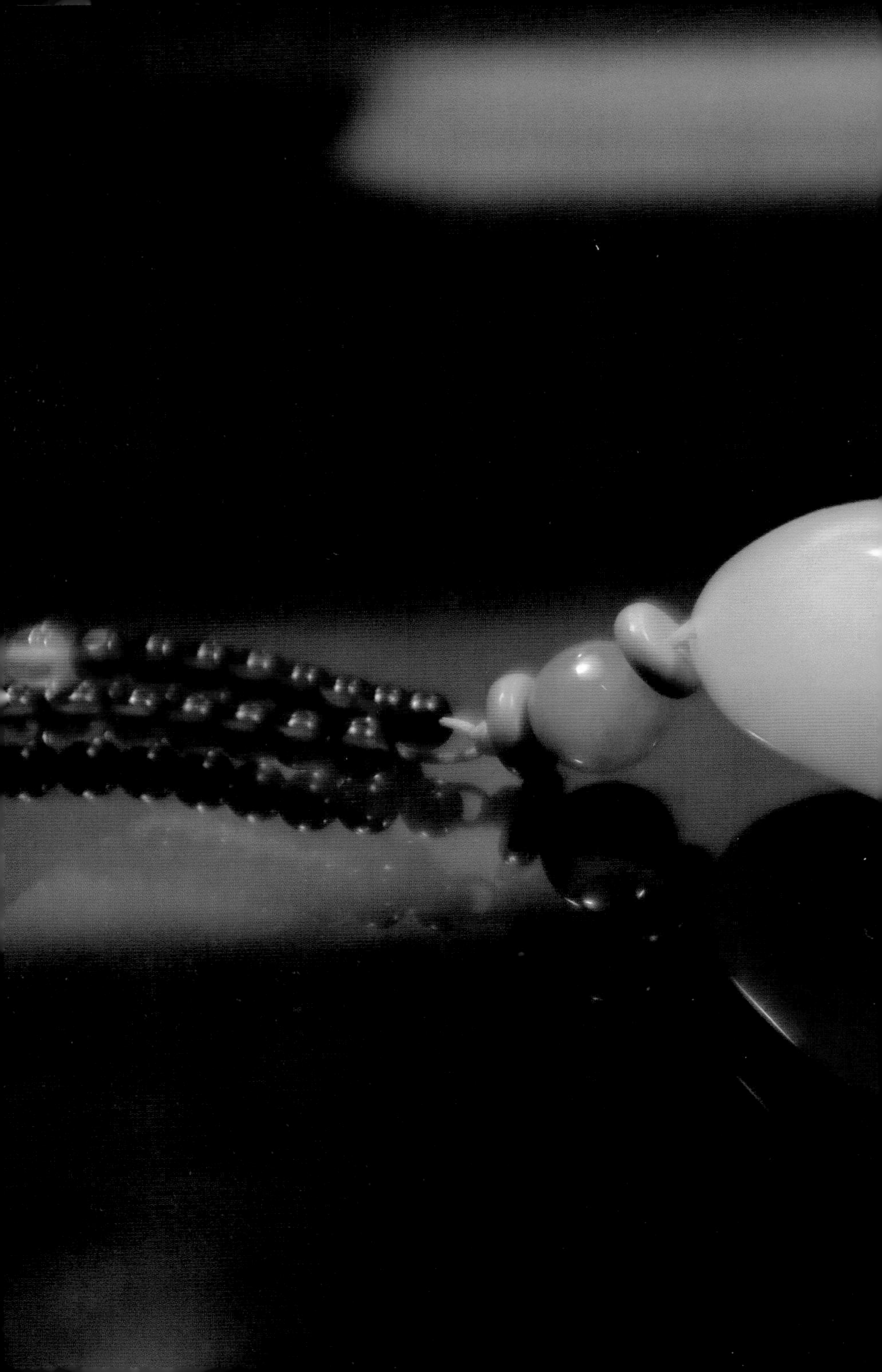

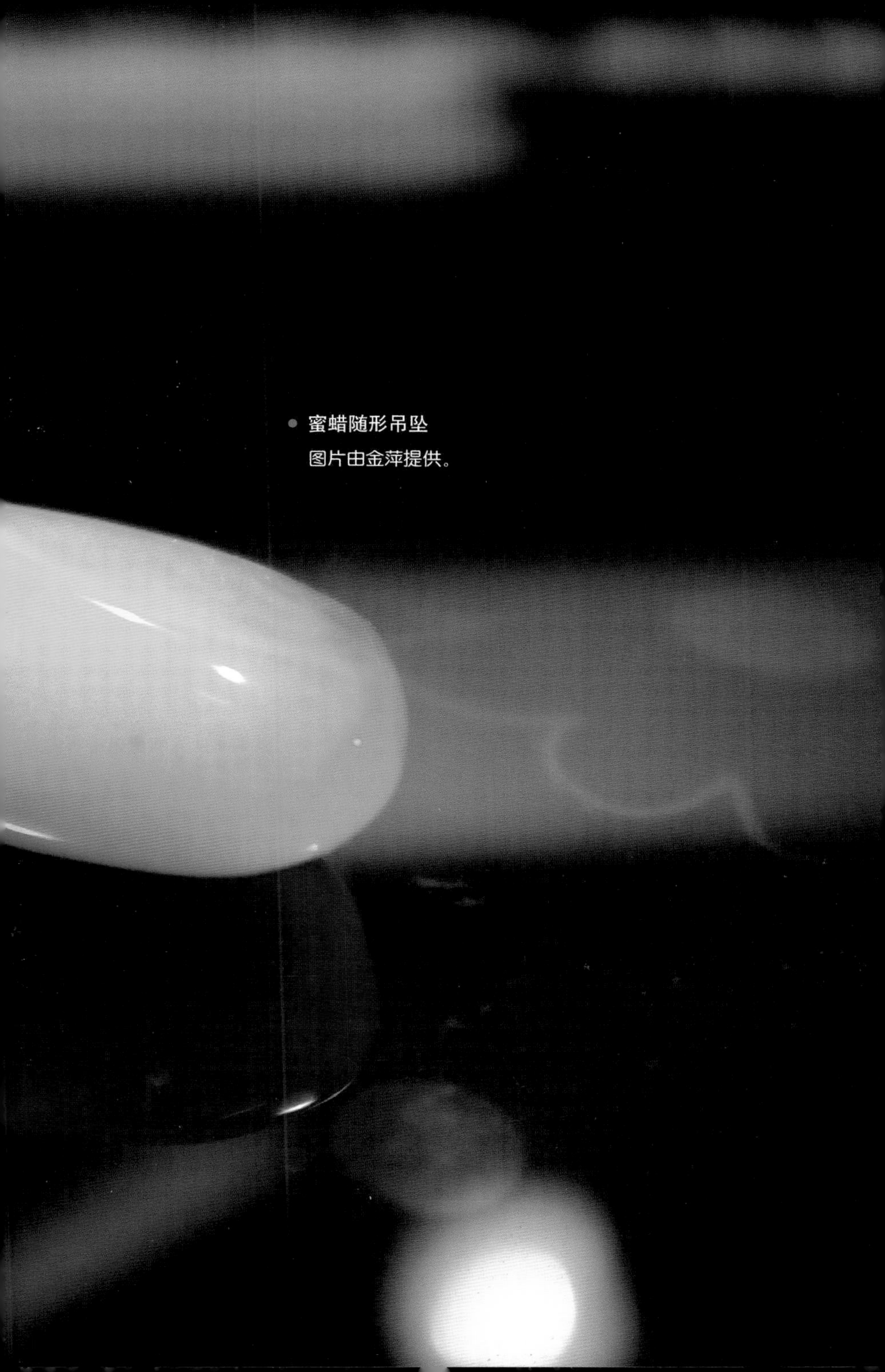

● 蜜蜡随形吊坠
图片由金萍提供。

⊙ 国内市场

20 世纪 80 年代中期，随着台湾地区宗教文物市场的盛行，琥珀开始在中国台湾、中国香港、新加坡、日本等地区流行，收藏者日益增多，价格也因此上涨。2008 ~ 2009 年时只能到具有一定规模的珠宝集散地才能见到为数不多的琥珀饰品销售商。从 2010 年开始，销售琥珀的商家越来越多，只要销售珠宝的店铺，一般都有琥珀饰品在销。从 2011 年开始，随着翡翠、和田玉等宝石价格的上扬，琥珀在中国的销售价格也出现了前所未有的增长。刚刚过去的 2013 ~ 2014 年，被业界誉为琥珀年。在珠宝行业整体不景气的背景下，琥珀市场一枝独秀，不仅销量大，而且价格一路上涨。在 2015 年珠宝展上，琥珀展台继续增多，市场仍然火爆，但价格开始回归理性。

中国市场对琥珀饰品的需求量呈高速增长态势，在过去几年间，琥珀的价格已经翻了两番。随着中国琥珀市场的升温，波兰、立陶宛等欧洲商家直接进入中国，在北京珠宝展中有许多来自欧洲的琥珀展商。

近两年中国琥珀消费市场改变欧洲琥珀销售格局，琥珀首饰市场需求量大增，中国正变成除欧洲之外最大的琥珀消费市场。个性化设计的产品需求直线上升，消费者购买琥珀越来越注重款式，而不只注重琥珀本身。廉价批量生产琥珀首饰的时代已经结束，原料价格的大幅上涨已经让厂商无法生产出以往相对廉价的琥珀首饰。琥珀迈入了以注重款式的个化性消费为主的奢侈品市场。

长期来看，天然琥珀的产量越来越少，特别是珍稀琥珀品种一价难求，预计在今后相当长的一段时期内，天然琥珀艺术品的收藏与投资价格会继续攀升。对于部分已经价格很高的琥珀，如抚顺琥珀、多米尼加蓝珀，笔者认为已经达到价格高峰，上涨空间不大。

北京珠宝展上展出的波兰琥珀

价格走势

影响琥珀价格的因素

国内市场琥珀通常按克出售，也有的经过换算后按件出售，即按件标价的商品，消费者可以换算出每克的单价，以此衡量价格是否合理。琥珀的价格与其产地、品种、料的大小、质量、优化处理方式等有关。

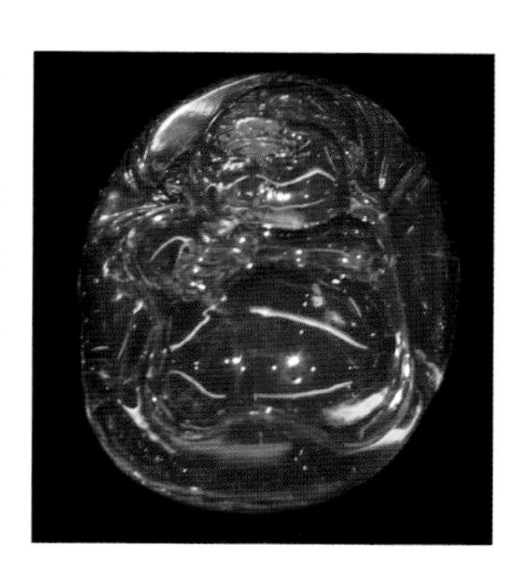

墨西哥蓝珀弥勒佛吊坠

琥珀价格与产地

按道理来说，琥珀的价格应该是同质同价，与产地无关。但国内市场并不如此，由于国人对琥珀的钟爱，中国是琥珀最大消费国之一，因抚顺琥珀停止开采，所以，同样质量的抚顺琥珀比海珀价格高，有些品种甚至高很多，抚顺花珀比缅甸根珀也贵很多。因此市场上会见到用波罗的海琥珀冒充抚顺琥珀、用缅甸根珀冒充抚顺花珀、用缅甸蓝珀冒充多米尼加蓝珀的现象，消费者需要特别注意，因为鉴定机构通常不做产地鉴定，只做真假鉴定。同理，缅甸琥珀产量比波罗的海琥珀少得多，缅甸琥珀总体价格是参照波罗的海琥珀销售的。

波罗的海琥珀质量好，价格低，一直是市场的中流砥柱。对于同质不同价的现象，笔者认为，对于某些地区的特有品种，如多米尼加蓝珀、虫珀，抚顺矿珀、花珀，缅甸血珀、根珀，无法同质同价，稀有性、特殊性、市场需求决定其价格。对于普通的黄色系琥珀，笔者认为消费者应该以同质同价的原则选择，对于这类琥珀除非你知道来源，否则市场上随便拿一块琥珀，很难确定其产地，鉴定机构也不做产地鉴定。同样品质的琥珀，没有共识说某地产的琥珀就好。

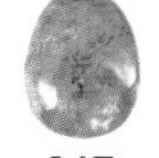

琥珀的价格与类别

琥珀的价格还和琥珀的品种有关，如蓝珀、鸡油黄蜜蜡、白蜜蜡、血珀、老蜜蜡、虫珀、植物珀、花珀、香珀都是价格比较高的类别。

琥珀的价格与料的大小、出成率

琥珀价格还和料的大小有关，越大越稀有。直径大的琥珀圆珠价格明显高于直径小的琥珀圆珠。销售商在定价前先测量琥珀圆珠的直径，然后报价。直径 4 毫米圆珠每克的价格可能只是直径 20 毫米圆珠价格的 20% 左右。

在同样大小的产品中，圆珠单价是最贵的，因为切割打磨掉许多料，出成率低。其次是桶珠，再次是算盘珠及随形珠链。而且一串圆珠中还需要匹配颜色。同理，琥珀原料的价格也要考虑出成率，琥珀山子、雕件的出成率也是比较高的。

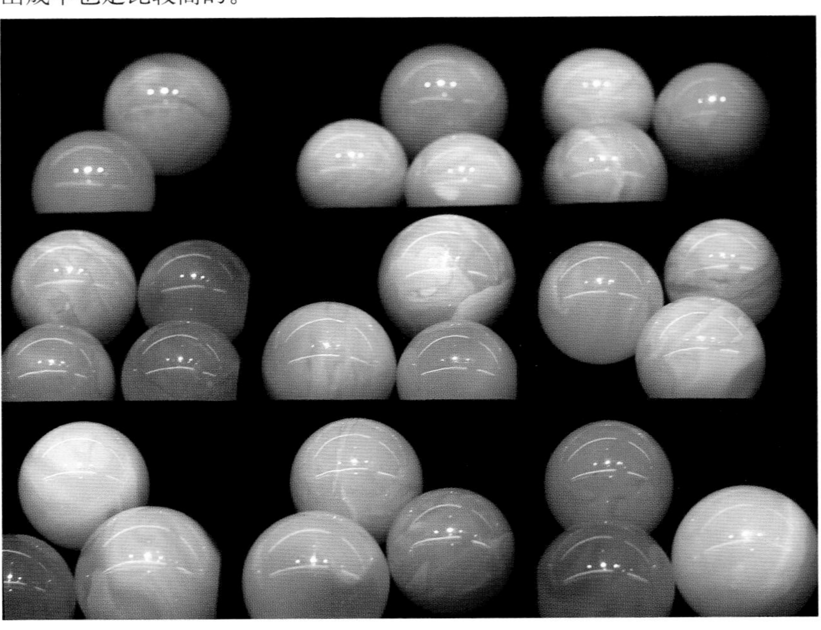

● 海珀圆珠

琥珀的价格与质量

琥珀的价格会受到质量的影响。比如，同样是蓝珀，颜色深浅不一直接导致价格不同。琥珀的价格还会受到净度的影响，内部越干净越好，价格也越高。对于虫珀，其价格和虫的完整程度、清晰程度有关，也和虫的稀有程度、尺寸及姿态有关。植物珀的价格和植物的品种、外观造型及花纹的美观程度有关。

● 琥珀佛手摆件

尺寸：高 9 厘米

● 缅甸血珀手把件

此血珀颜色浓郁，内部杂质较少，透明度较高。图片由地大世家提供。

● 立陶宛虫珀挂件

此珀透明度高，颜色靓丽，内部清晰可见一只长腿蚂蚁。

琥珀的价格与优化处理

琥珀价格和优化处理的方式有关。按照纯天然的、优化的、处理的顺序，价格依次降低。市面上的琥珀多数是经过优化的。如果未经优化，商家通常会标出，其价格更高。经过处理的琥珀价格要低很多，一般要差一个数量级。同样是处理的琥珀，其价格和处理的方式、程度有关，经压制处理的二代琥珀价格就低，如果再加上染色处理，就更不值钱了。而充填处理、贴皮处理的琥珀价格还好些。

● 海珀手串

尺寸：直径 28 ～ 30 毫米

此手串珠粒质地不均一，部分珠粒内部杂质较多，并且表面有破损，每克售价在 400 元左右。

价格行情

了解琥珀蜜蜡的价格

琥珀的价格和质量密切相关，其本身就是一个价格范围。天然高端的东西，没有完全一样的，更是一件一个价。同样质量的琥珀，价格与销售渠道有关，大商场、专业珠宝店、个体商铺的价格是不一样的，批发和零售的价格也是不一样的。琥珀蜜蜡的价格这几年变化很快，行业对公布价格十分敏感。但从消费者利益角度考虑，我还是把价格列为重要内容，这里列出一些笔者采集到的适中价格，供大家参考。

海珀的价格行情

波罗的海琥珀占琥珀市场的90%左右，品种相对少，多年发展，已经形成一套比较完善的价格体系。这个价格主导着全球琥珀价格行情，其他地区的琥珀，同品质的琥珀通常参照波罗的海琥珀的价格定价。其价格随市场需求、各国政府对开采和出口的限制等因素的影响而小幅波动，总体为上涨趋势。

● 皇家白琥珀原料

尺寸：55毫米 ×47毫米 ×20毫米

重量：23.6克

此料为纯天然、未优化的白色琥珀。2015年5月售价225美元，每克售价约60元。

⊙ 黄色系琥珀

2010 年，琥珀价格在每克 60 ~ 80 元。

2012 年 1 月，108 粒琥珀念珠，直径 14 毫米，拍卖价 44800 元。

2013 年 3 月，金珀手串，随形，58.6 克，拍卖价 1.68 万元，约合每克 287 元。

2014 年 6 月，10 ~ 15 毫米直径黄色琥珀项链，每克 150 ~ 180 元。

2014 年 3 月波兰格但斯克琥珀展，海漂籽料（脑仁）琥珀，直径 30 毫米左右，售价每克 35 欧元。

2014 年底，黄色透亮的琥珀雕件，高 10 厘米，每克 240 元。

2015 年 4 月，金珀项链，直径 20 毫米，每克 180 元。

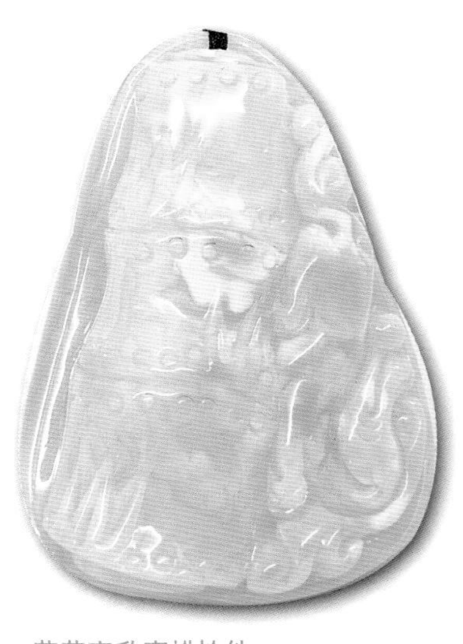

● 节节高升蜜蜡挂件

重量：20.5 克

此挂件随形雕竹节纹饰，寓意节节高升。2015 年 4 月每克售价 550 元。

⊙ 蜜蜡

2010 年，烤色老蜜蜡每克 70 ~ 100 元。

2010 年，质量较好的大块蜜蜡雕件（菠萝蜜）每克 180 元。

2011 年，老蜜蜡山子，2588 克，拍卖价 13.8 万元，每克约 53 元。

2012 年，黄蜜蜡桶珠手串，10 粒，50 克，拍卖价 11500 元，每克 220 元左右。

2012 年 10 月，蜜蜡福寿挂件，高

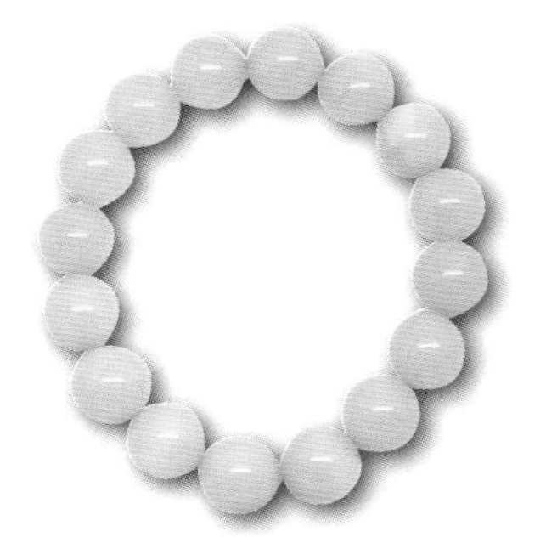

● 鸡油黄蜜蜡手串

尺寸：直径约 13 毫米

重量：约 20.1 克

此手串黄色艳丽，光泽油润。2015 年 4 月每克售价 540 元。

52 毫米，重约 20 克，拍卖价 2990 元。约合每克 150 元。

2013 年 10 月，金包蜜摆件，外围透亮，质量好，高 12 厘米，每克 380 元。

2014 年底，直径 1.5 厘米的黄色蜜蜡手串，每克 400 元。

2014 年底，8 厘米高的黄色蜜蜡雕件，每克 600 元。

2014 年 3 月，波兰格但斯克琥珀展，90 多克的蜜蜡饼，每克 100 欧元。直径 30 毫米左右的蜜蜡球，售价每克 45 欧元。

2015 年 4 月，立陶宛珠宝展，质量较好的蜜蜡价格多在每克 40 ～ 50 欧元。

2015 年 4 月国内行情：

质量较好的蜜蜡，直径 10 毫米每克 130 元，直径 15 毫米每克 240 元，直径 16 毫米每克 260 元，直径 18 毫米每克 320 元。黄色蜜蜡和白色蜜蜡的价格接近。

质量较好的黄色蜜蜡烟嘴，重 90 克，每克 280 元。

质量一般的黄色蜜蜡，直径 28 毫米，每克 400 元。

蜜蜡小雕件，10 克重，每克 200 元。

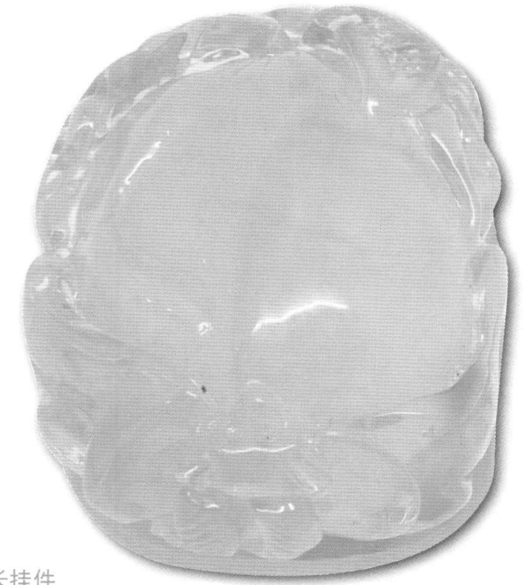

● 福寿绵长挂件

重量：15.7 克

此珀为金包蜜，表面俏雕蝙蝠和寿桃，寓意“福寿绵长”。2015 年 4 月每克售价 380 元。

⊙ 血珀、翳珀

2011 年，普通质量的血珀雕件每克 120 元，较好的每克 150 元。

2012 年 8 月，翳珀手串，10 粒，66.4 克，拍卖价 7.82 万元，约合每克 1178 元。

2014 年，直径 20 毫米波罗的海烤色血珀手串，一串的价格在 1 万元左右。

2015 年 4 月，翳珀、血珀项链，直径 18 毫米，每克 290 元；血珀项链，直径 14 毫米，每克 220 元；天然血珀，非烤色，直径 20 毫米，每克 350 元。

● 立陶宛虫珀吊坠

琥珀呈方形，内部可见一只稀有的毛毛虫，2015 年 4 月售价 3 万元。

⊙ 虫珀

2015 年 4 月，未镶嵌的普通小虫琥珀，按克销售，2 ~ 10 克，一般虫珀价格在每克 200 ~ 400 元；已经镶嵌或虫子较大、好看者按件出售，一件一价，每克价格在 400 ~ 1000 元。

⊙ 香珀

香珀价格比普通琥珀价格高 30% 至数倍。

⊙ 二代琥珀

再生琥珀，也叫二代琥珀、压合琥珀，价格非常低，大约是普通琥珀价格的十分之一，甚至更低。2014 年，波兰格但斯克琥珀展出现大量压制琥珀蜜蜡珠子，压制蜜蜡珠售价在每克 10 欧元以下。

● 立陶宛虫珀吊坠

琥珀呈水滴形，透明度极高，内部可见一只苍蝇。2015 年 4 月售价 1.5 万元。

抚顺琥珀的价格行情

抚顺琥珀的价格相对比较清晰，比较容易估算。

⊙ 黄色系琥珀

2014年8月，直径1 0毫米的琥珀佛珠，透亮，颜色黄里透红，质量较好，108粒，定价6万元，约合每克1200元；直径8毫米的黄红色琥珀珠链，每克1500元；随形并含较多包裹体的普通抚顺琥珀小挂件，1 ~ 2克大小的每克80元，5 ~ 20克的，根据质量，价格在每克100 ~ 1000元。

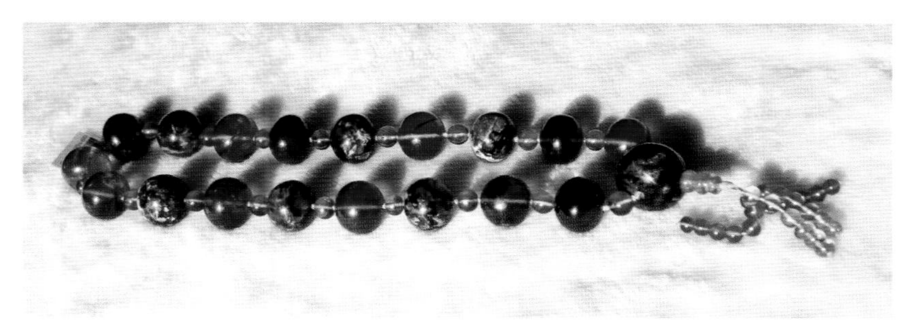

● 大珠抚顺琥珀精品

此珠链选用抚顺精品血珀与花珀穿制而成，颜色深沉而浓郁，极富艺术美感，售价约为48万元。

● 抚顺金珀念珠

此串念珠选用抚顺上等金珀穿制而成，金黄色珠粒净度极高，售价约为6万元。

⊙ 血珀

2013 年，直径 20 毫米抚顺血珀手串，如果是抚顺一级料，非常稀有，价格在十几万元到数十万元。

⊙ 花珀

2014 年 8 月，抚顺花珀手串，直径 20 毫米，二级料，定价 10 万元；抚顺花珀佛挂件，高 80 毫米，二级料，定价 8 万元。

2013 年，抚顺花珀参考价格如下（来自抚顺琥珀网）：

一级花珀，白花珀。每克 3000 ~ 5000 元。

二级花珀，每克 1000 ~ 2000 元。黄花，黄色部分超过 50%。

三级花珀，每克 500 ~ 1000 元。黑花，白、黄花在 50% 以下，黑色花纹超过 50%。

四级花珀，飘花（又称沾花），每克 150 ~ 500 元。局部有少许白、黄色花纹。

● 抚顺花珀手串

此手串选用抚顺花珀穿制而成，珠粒质地较好，尺寸较大。2014 年 7 月定价 8 万元。

⊙ 蜜蜡

2014年8月，质量好的抚顺蜜脂手串，直径10～13毫米，价格在每克3000～5000元。

⊙ 虫珀

抚顺虫珀少，没有形成市场规模，价格随意性、炒作性较大。和海珀虫珀比要价高得多。

2014年8月，含小蚂蚁虫珀，2克，定价6000元。

2014年8月，含小蜘蛛虫珀，1克，定价4000元。

● 抚顺虫珀手把件

琥珀呈不规则形状，内含一只飞翔的蚊子。抚顺煤矿博物馆收藏。

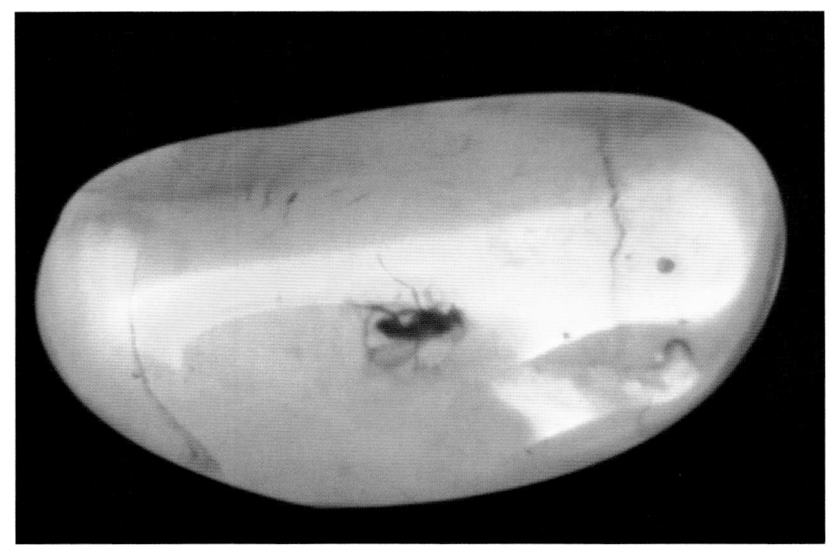

● 抚顺虫珀手把件

椭圆形琥珀内部含有一只苍蝇。抚顺煤矿博物馆收藏。

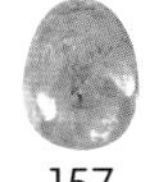

缅甸琥珀的价格行情

缅甸琥珀价格行情较乱，一是小规模开采，成本相差较大，品种多，产量少。黄色、红色系列价格主要参照同质量波罗的海琥珀价格。蓝色系列主要参照墨西哥蓝珀价格。

● 缅甸琥珀

此手镯内部有明显的包裹体存在。2015 年 4 月，每只售价在 1 万元左右。

● 缅甸根珀手镯

2015 年 4 月参考价格每只 7000 元。

⊙ 黄色系列

2015 年 4 月价格行情，烤色琥珀挂件，重 20 克，每克 80 元；直径 11 毫米的黄色透明琥珀项链，质量中等，每克 70 元；手镯，便宜的 8000 元，质量较好的 28000 元，最好的金珀手镯标价 6 万元。

⊙ 缅甸蓝珀

2015 年 4 月，质量较好的缅甸金蓝珀挂件，10 ~ 20 克，售价随质量在每克 200 ~ 300 元之间。

⊙ 缅甸血珀

2014 年，缅甸血珀挂件，30 克，每克 200 元。

⊙ 缅甸根珀

2014 年 6 月，缅甸根珀，价格在每克 100 元左右，质量好的和质量差的价格差距不是很大，每克差价几十元不等。

2015 年 4 月，缅甸根珀手镯 7000 元。

多米尼加琥珀的价格行情

2011 年，多米尼加蓝珀每克 300 ～ 800 元。

2012 年 7 月，蓝珀葫芦娃挂件，6.1 克，拍卖价 9520 元，每克 1560 元。

2013 年 3 月，蓝珀葫芦娃万代挂件，60.9 克，拍卖价 145600 元，约合每克 2391 元。

2013 年 10 月，多米尼加蓝珀小挂件每克 1600 元。

2014 年 6 月，蓝珀挂件，10 克，每克 3000 元；红皮蓝珀挂件，10 克，每克 3500 元；直径 6 ～ 7 毫米质量较好的蓝珀戒指，每件 5600 元；优质蓝珀戒面，3 克拉，每克拉 13000 元；质量一般的蓝珀戒面，自然光下为橘黄色，2 克拉，每克拉 3800 元；颜色黄里透蓝的蓝珀戒面，1 克拉，每克拉 2300 元；蓝珀项坠，质量较好，直径 9 毫米，每克 3000 元。

2015 年 4 月多米尼加蓝珀行情：

圆珠：质量较好，在自然光下呈明显蓝色。直径 6 ～ 30 毫米，价格在每克 3000 ～ 10000 元。直径 10 毫米，每克 6500 元；直径 11 毫米，每克 7500 元；直径 14 毫米，每克 7000 元。重量在 0.8 克左右，直径 33 毫米，每克 10000 元。

收藏品：在自然光线下呈明显蓝色，质量好，厚重的多米尼加手镯，定价 90 万元。直径 80 毫米大小的蓝绿色多米尼加琥珀球，定价 50 万。

● 多米尼加蓝珀男戒

2015 年 4 月价格 5700 元。

● 多米尼加蓝珀吊坠

2015 年 4 月价格 48000 元。

墨西哥琥珀的价格行情

墨西哥琥珀和多米尼加琥珀同出产于南美洲，有一定相似之处。但总体质量不如多米尼加琥珀，其价格和多米尼加琥珀相差甚远。

2015 年 4 月墨西哥蓝珀参考价格：

戒面：30 毫米 ×20 毫米，金蓝色戒面，每克 500 元。

项链：质量一般的蓝绿色项链，直径 6 毫米，黄色有蓝绿色调，每克 110 元；直径 14 毫米，每克 220 元；直径 18 毫米，每克 320 元。

挂件：10 ~ 20 克，蓝色较深，每克 260 元；蓝绿色，每克 240 元。

● 墨西哥蓝珀挂件

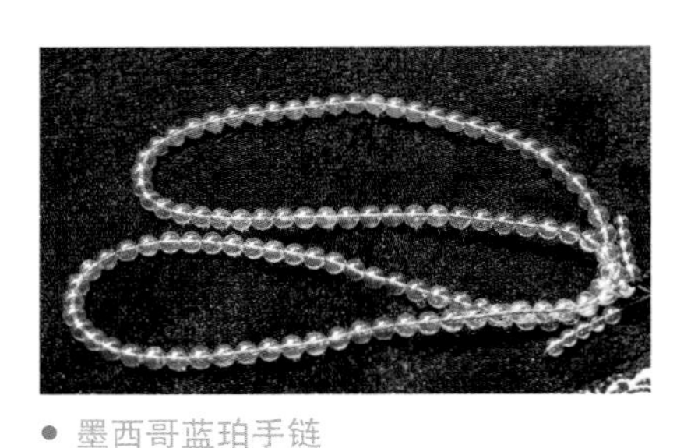

● 墨西哥蓝珀手链

尺寸：直径 6 毫米

此珠粒为黄色并带有蓝绿色调，2015 年 4 月每克售价 110 元。

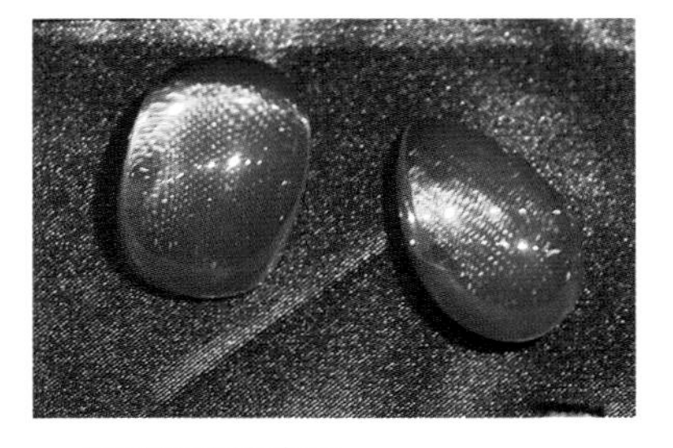

● 墨西哥蓝珀戒面

尺寸：30 毫米 ×20 毫米

两颗有蓝色调的戒面。2015 年 4 月售价每克 500 元。

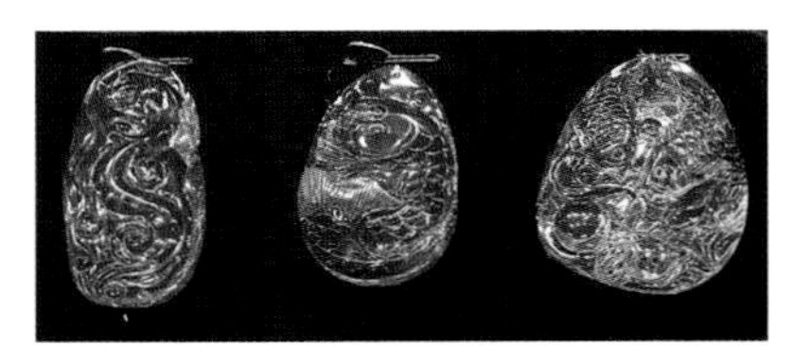

● 墨西哥蓝珀挂件

挂件尺寸较大，颜色偏黄，带有蓝色光泽。2015 年 4 月每克售价 240 元。

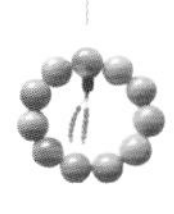

老蜜蜡的价格行情

2011 年 12 月，清代老蜜蜡珠串 20 粒，重 190 克，拍卖价 12.1 万元。约合每克 637 元。

2012 年 11 月，清代糖色蜜蜡桶珠串，红褐色，8 粒，珠子直径 15 毫米，长 20 ~ 23 毫米，拍卖成交价 35840 元。

● 藏传老蜜蜡珠串

实战操作

看专家如何购买琥珀蜜蜡

购买琥珀首先要选择方向，这主要取决于你的预算和喜好。我们讲了这么多，你喜欢什么类型的琥珀？你购买琥珀的目的是什么？是收藏，还是佩戴，还是二者兼有？

其次，需要考虑你的预算，不能离开预算谈购买。我们不可能用很少的钱大谈顶级琥珀收藏。

再次，要考虑琥珀产品市场实际，不能太理想化。尽管琥珀产地很多，品种也多。如果你没有特别的喜好，应该选择主流的黄色系波罗的海琥珀；如果有特别喜好，比如喜欢蜜蜡、喜欢蓝珀、喜欢抚顺琥珀，或者喜欢虫珀，都会缩小选择范围。

本节，笔者以给三位朋友选购琥珀的案例带你实战琥珀，三人分别称为甲、乙、丙，也代表三类消费群体。

● 黄蜜蜡念珠

● 金珀手串

实战案例 1：甲，年轻帅气的年轻人

需求：年轻人，没有多少积蓄，产品价格不要太贵，预算在 1 万元以内。产品要时尚、经常用得着。

产品选择：根据需求，产品选择过程如下。

1. 产地。由于甲对产地没有要求，首先定位购买波罗的海琥珀。

2. 产品形态。需求是经常用、流行、适合年轻人，笔者推荐产品是目前流行的 108 粒琥珀念珠或者直径较大的手串。甲本人属于文艺青年，最终选择自己喜欢的 108 粒念珠。

3. 材质。念珠选择琥珀还是蜜蜡？考虑到国内近两年的流行趋势，推荐蜜蜡。经过对比琥珀和蜜蜡的光泽，甲选择了蜜蜡。

4. 颜色。蜜蜡有黄色和白色之分，也有花纹状金绞蜜。甲没有特别要求，

● 蜜蜡念珠

最终选择最常见的黄色系蜜蜡。

实战购买：产品选好后，要选择去哪里购买。波罗的海琥珀，首先想到的是产地购买，波兰、俄罗斯、立陶宛。专为购买念珠出国，肯定不合适，如果问我旅游时捎带购买如何？我的答案是，不可行。笔者见过太多人出国购买珠宝，经常遇到两个问题，一是假的多，二是价格并不比国内便宜。这是为什么？旅游购物买到假货很常见。管理好的正规旅游购物点虽然质量可靠，但购买商品时导游、旅行社、商家层层扒皮，价格自然不会低。而且，旅游购物地点面向的是游客，我们不是商家，不了解进货渠道，加之语言沟通障碍，很难找到当地好的购物渠道。

● 蜜蜡念珠

国内购买。我让甲逛逛国内的珠宝店，看看行情。他一看还真迷糊了。直观的感觉是真假难辨，价格相差很大。在大家公认的可信赖的某大型商店珠宝柜台，108 粒有证书蜜蜡念珠，价格在几万元；在某小型珠宝展上，看到很便宜的，仅二三千元；珠宝街专业小店，产品选择余地少，但价格适中。

最终购买方式：通过上面的过程，验证了甲选择的产品是他真正喜欢的产品，且对市场上价格行情有所了解。市场上假货多，有处理的琥珀，有树脂、塑料仿冒蜜蜡。不久后某大型珠宝展开始。我推荐甲去珠宝展购买。由于目标明确，甲直奔琥珀柜台，多家比较。选择原则是，要有鉴定证书；价格要在合理区间，价格太低和太高的都不考虑；产品要选择中档偏上，不要极品，也不要档次太低的。最终很容易地买到自己喜爱的念珠。直径 8 毫米左右，长 85 厘米，重 37 克，每克 110 元，价格 4000 元，并附有鉴定证书。购买时间是 2012 年。

实战案例 2：乙，稳重的中年文化人

需求：乙，中年女性，文化人，喜欢琥珀首饰，喜欢中国传统文化，有购买琥珀饰品意向，预算 2 万元。

产品选择：

1. 产地。推荐波罗的海琥珀或抚顺琥珀。乙喜欢中国文化，喜欢抚顺琥珀的深色。

2. 产品。女性琥珀饰品手镯、手串、项链、挂件都是候选对象。

实战购买：购买地点选择。市场上抚顺琥珀很少，且很多是缅甸琥珀冒充抚顺琥珀。要购买抚顺琥珀最好的地点是去抚顺。商定后，选择 2014 年 8 月一同去沈阳、抚顺选择琥珀饰品。

抚顺距沈阳 50 ～ 60 千米，出发前我们做了许多准备工作。

首先，我们去参观抚顺西露天矿和抚顺煤矿博物馆。

西露天矿，位于抚顺市西南市区边上。西露天矿被称为“亚洲最大的人工矿坑”，西露天矿东西长 6.6 千米，南北宽 2.2 千米，最深处有 400 多米，是亚洲第一大露天矿坑。西露天矿参观台在抚顺煤矿博物馆外边，不用买

● 抚顺琥珀戒指及吊坠

● 抚顺西露天矿一角

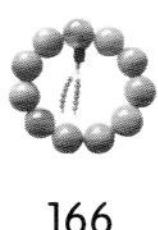

票可直接到观景台观看，平台上还展出数十台大型煤矿机械。1958 年 2 月 13 日，毛泽东亲临参观台视察，邓小平、江泽民等多位党和国家领导人曾来这里。西露天煤矿仍在小规模开采，是开采煤矿，不是琥珀矿区，这里现在几乎没有琥珀。过去西露天矿也是采煤，但那时有“煤黄”（即琥珀）出现，有人专门去捡煤黄，现在没有了，抚顺的琥珀其实是煤矿的副产品。如果不采煤，单独挖这么大的坑去开采琥珀，经济上肯定不划算。如果抚顺琥珀不作为煤矿副产品，根本不具备开采价值。

抚顺煤矿博物馆需要购票参观。馆藏品很多，其中“乌金墨玉”展厅展出了煤精精品原石和精品雕件；“煤海之珠”展厅展出了琥珀精品，有发红的金珀、有白色和褐色的蜡珀、棕红珀、泥珀、血珀、花珀，展出最多的是各种虫珀。

随后我们参观了抚顺煤精琥珀博物馆和周边的琥珀、煤精个体商铺。

抚顺煤精琥珀博物馆距抚顺煤矿博物馆很近，几百米的距离。这里有多家经营煤精、琥珀的商家，既可以参观琥珀加工，也有各类琥珀产品销售，其中多数是抚顺当地的琥珀。我们边看、边聊，学习了不少东西。价格有高有低，有的报出天价，看完后一头雾水，感觉抚顺琥珀的价格明显高于波罗的海琥珀。博物馆周边有多家经营煤精琥珀的个体商铺，价格和

● 抚顺虫珀

此琥珀中包含蜘蛛和飞蛾两种昆虫，较为少见。抚顺煤矿博物馆收藏。

博物馆内出售的商品相似（其实这里牌匾叫“博物馆”，内部就是一个琥珀销售市场）。

在抚顺市区正规的琥珀商店查看。在博物馆和个体商铺中咨询过价格后，我们来到抚顺市区一家正规的琥珀经营商店。这里像个珠宝店，产品较多，产品档次和价格也比个体商铺的高，但是明码标价。

最终购买方式：经过前面的学习，乙对抚顺琥珀有了一定的了解，乙和笔者都不喜欢抚顺花珀，我们主要选择了深色透亮、发红的传统抚顺琥珀，虽然含有少量杂质，但可以接受。考虑到价格因素，但有笔者帮忙能保证买到真品，所以乙还是选择去个体小商铺买。在店铺中和店家慢慢聊，店家知道我们真心购买，报价相对靠谱。本来看中了直径 10 毫米的琥珀佛珠，琥珀珠粒透亮，颜色黄里透红，质量较好，108 粒，售价 6 万元（约合每克 1200 元），超出了预算，只好放弃。经过选择、比较、砍价，我们很快选择了两样饰品。

一条抚顺金珀手链。颜色是发红的黄色，透亮，这种质量的抚顺琥珀已经很难见到，珠粒直径 9 毫米，重 10 克，价格 11000 元。还有一件抚顺植物珀挂件。蜜黄色佛手，内部有许多植物碎片，为植物珀，重 4 克，以 1500 元成交。

实战案例 3：丙，老年男性琥珀收藏爱好者

需求：3 年前丙开始喜欢琥珀收藏。目前有十多件琥珀藏品，多为波罗的海琥珀。最近几年因缅甸琥珀在国内卖得很好，且个头较大，丙有意收藏两件缅甸琥珀藏品。但怕买假、买贵，且没有好的购买渠道，2015 年初找到笔者咨询购买，预算 10 万元左右。

● 缅甸金珀手镯

产品选择：缅甸琥珀个体较大，颜色比波罗的海琥珀红。作为收藏，考虑的产品形式主要是琥珀雕件，精美手把件或者手镯。

实战购买：因为丙是琥珀收藏者，有较好的琥珀基础知识。选购方式对于笔者来说比较简单。我把丙推荐给我的一位专门经营缅甸琥珀的朋友，

● 缅甸金珀手镯

• 缅甸琥珀手镯

约好后，丙直接去朋友店里洽谈、选择，我没有去。后来得知，他们不但成交一笔生意，也成了朋友。丙购买了两只上好的缅甸金珀手镯。他说现在缅甸琥珀还有大料，常有手镯，但收藏级手镯却难找。

这种购买方式其实很好。对于丙，由于是我推荐的行家朋友，对方不存在卖假、买贵的问题，建立了信任，敢下手、敢购买。对于我的朋友，我推荐给他客户，客户诚心诚意购买，且是收藏琥珀的大客户，自然高兴，让利维护客户是他内心的想法。收藏是避免谈价格的，双方成交价我也不便问，可以透露给大家是两只手镯总价不足 10 万元。

● 缅甸棕红珀挂件

专家答疑

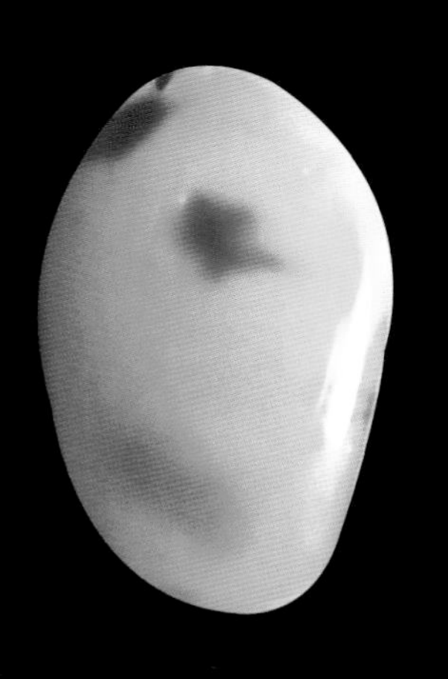

琥珀越老越好吗？柯巴树脂到底是不是琥珀？

琥珀由树脂石化而成，由树脂变成琥珀经历了半石化（semifossile）到石化（fossile）的过程。琥珀的形成包括四个阶段，即树上流出的液体树脂（SAP）—现代树脂（resin）—柯巴树脂（copal）—琥珀（amber）。聚合作用导致天然树脂转化为柯巴树脂，聚化作用导致柯巴树脂进一步转化为琥珀（引自 Sanderson，M.W.1960）。

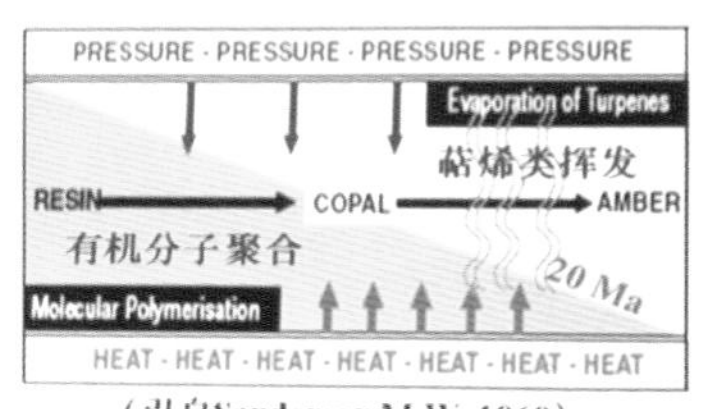

● 琥珀形成过程示意图

树脂 resin— 柯巴树脂 copal- 琥珀 amber，转引自亓利剑

● 现代液体树脂

从树上流出，呈水滴状。

● 树脂

⊙ 琥珀及其形成年龄

宝石琥珀形成的年龄是中生代白垩纪到新生代第三纪中新世，时间范围是 1.4 亿年至 1000 万年之间。从产量上看白垩纪琥珀少，以第三纪琥珀为主，多数琥珀产自 6500 万年至 1500 万年之间。

世界上发现的最早的“琥珀”距今 3.2 亿年，是石炭纪种子蕨的树脂化石，科学家不认为它是“琥珀”，因为它与我们认可的琥珀有很大差异。在俄罗斯乌拉尔山南麓二叠纪石灰岩中也发现过树脂化石，距今 2.6 亿年。在奥地利下奥地利州三叠纪岩层中发现有深红色易碎琥珀，形成年龄在 2.3 亿～ 2.2 亿年，这个琥珀被科学家认为是真琥珀，推测来自已经绝灭的苏铁类植物，但其化学成分和后来的琥珀也不同。真正意义上的宝石琥珀是从白垩纪开始的。从地球生物进化角度看，5 亿年前只有藻类植物，4.4 亿年前开始出现裸蕨类植物。1.4 亿年前的白垩纪是恐龙时代，出现了能分泌树脂的植物。不同时期和不同地区产生树脂的树木可能有区别。从现有发现的年代过亿年的老琥珀看，许多琥珀易碎，作为雕刻材料韧性不够，其材料本身也不好。第三纪早中期的琥珀不仅产量大，作为雕刻材料也是最好的。琥珀太年轻了石化程度不足，抗氧化能力不足。如果树脂埋藏在地下时间太短，树脂没有石化，或者只经过半石化，也不能叫作琥珀。

● 琥珀富富有余摆件

地质年代（纪）	地质年代（世）	时间范围	植物	琥珀
第四纪		250万年～现在	现代植物	柯巴树脂
第三纪	上新世	700万～250万年		
	中新世	2600万～700万年		比特费尔德琥珀 墨西哥琥珀
	渐新世	3800万～2600万年	植物和动物逐渐接近现代	多米尼加琥珀 墨西哥琥珀
	始新世	5400万～3800万年		波罗的海琥珀 阿肯色州琥珀 抚顺琥珀
	古新世	6500万～5400万年		库页岛琥珀
白垩纪		1.4亿～6500万年	本纪后期，被子植物（开花植物）大量生长	加拿大、法国、黎巴嫩、西伯利亚琥珀、罗马尼亚琥珀、英国怀特岛琥珀
侏罗纪		1.95亿～1.4亿年	真蕨、苏铁、银杏和松柏类等生长	
三叠纪		2.3亿～1.95亿年	裸子植物进一步发展	奥地利下奥地利州三叠纪岩层中发现有深红色易碎琥珀
二叠纪		2.85亿～2.3亿年	至晚期，木本石松、芦木、种子蕨、可达树等趋于衰落，裸子植物如松柏类等开始发展	俄罗斯乌拉尔山南麓二叠纪石灰岩中发现树脂化石
石炭纪		3.5亿～2.85亿年	真蕨、木本石松、芦木、种子蕨、可达树等大量繁荣	石炭纪种子蕨树脂化石
泥盆纪		4亿～3.5亿年	早期裸蕨类繁荣，中期以后蕨类植物和原始裸子植物出现	
志留纪		4.4亿～4亿年	在末期，裸蕨类开始出现	
奥陶纪		5亿～4.4亿年	藻类广泛发育	
寒武纪		5.7亿～5亿年	红藻、绿藻等开始繁盛	

⊙ 柯巴树脂

柯巴树脂英文为 copal，是一种年份不足的树脂，未石化或半石化。柯巴树脂分为两种：一种是距今 1000 万～100 万年的树脂，处于半石化状态，是真的柯巴树脂；另一种是生柯巴树脂，未石化，为现代树脂。

● 柯巴树脂珠

通常，半石化树脂主要来自热带潮湿地区树木（如豆荚植物 legume 和南洋杉 araucarians）的树脂，当这些树木的树枝受到伤害时渗漏出白色浆汁，凝结成瘤状的树脂保护树木，日久后树脂脱落，被泥土、落叶覆盖。由于这些树脂覆盖较浅，通常只有数米深，时间也不够久远，还未能石化成琥珀，周围的树木也没有变成煤炭。

柯巴树脂用来制造高级的清漆（varnish），现在这方面的用途在某种程度上已经被合成产物取代。柯巴树脂也用于制作烧香的香料，现在有相当一部分柯巴树脂用于仿冒琥珀。

⊙ 二者的区别

柯巴树脂是琥珀的前身，是未转换成琥珀的树脂。根据陈夏生《溯古话今——谈故宫珠宝》（台湾国立故宫博物院）一书，树脂的种类很多，成分变化很大，但都含有松烯（Terpenes）。松烯在地下埋藏数千万年或上亿年后，有些成分被挥发，只有原子变成交叉环链（cross-linked）而聚合（polymerized）者才能稳定地保存在琥珀中，这是琥珀与柯巴树脂

● 桶珠，波罗的海琥珀

的本质区别。只有数百年、数万年地下埋藏的树脂，石化程度不够，最多算半石化。树脂未经石化或石化程度不够，在空气中极易氧化而干裂，表面会在较短时间内产生网状裂纹，真正的琥珀是在地层中埋藏数千万年以上的石化树脂，在空气中有相当的稳定性，虽然也会产生网状裂纹，但需要很长时间。很多科学家认为，琥珀形成最重要的因素是时间，树脂石化过程至少需要200万～1000万年。多米尼加Bayaguana地区的珂巴树脂有1500万～1700万年，但它很脆，不能琢磨，仍是柯巴树脂。市场上有新琥珀、旧琥珀一说。旧琥珀是真正的琥珀，形成年代在千万年以上。新琥珀，就是指柯巴树脂。

台湾故宫博物院也收藏有未经石化的树脂，目前表面粗糙，光泽暗淡，产生头皮屑状脱落。最早人们分不清柯巴树脂和琥珀，无意间误把柯巴树脂当琥珀售卖。后来人们分清了二者的区别，《博物志》记载："松柏脂入地千年为茯苓，茯苓化为琥珀；今泰山出茯苓而无琥珀，益州永昌出琥珀而无茯苓。"这里所说的"茯苓"就是现在的柯巴树脂，明确说明作者已经知道茯苓与琥珀的区别。现在商家如果将柯巴树脂当作琥珀卖就是作假，然而这种现象很常见。原因有两个，一是许多消费者不知道二者的区别，二是现代技术的发展，使本来相近的柯巴树脂仿冒得更像琥珀，比如通过淬火加大硬度，通过氧化或染色改变颜色，使鉴定难度加大。

⊙ 未石化的树脂产地

未石化的树脂产地有新西兰的贝壳杉（kauri），马来西亚、菲律宾、印度尼西亚及太平洋各岛的达马脂（dammar），非洲东部、西部、中部和南美洲（如哥伦比亚、多米尼加、巴西）、澳洲等地的柯巴树脂（copal），我国古代的桃胶、松香等，这些都可以统称为柯巴树脂。多米尼加东北部也产琥珀，透明、颜色浅，经检测是柯巴树脂，其年龄仅有数百年，没有经过石化，开采出来加工成饰品几年后就会出现龟裂。如果您采购的“琥珀”来自上述地区，需要注意，很有可能是柯巴树脂。

● 柯巴树脂

蜜蜡与琥珀是什么关系？

人们常说琥珀蜜蜡。那么什么是蜜蜡？现在好多人不清楚。过去甚至国外的一些人一直都认为蜜蜡不是琥珀，认为琥珀和蜜蜡不是同一种物质。根据中华人民共和国国家标准（GBT 16552-2010）《珠宝玉石名称》，琥珀是一类有机宝石的通用称谓，蜜蜡是琥珀的一个类别。我国最权威的系统宝石学，也把蜜蜡化归于琥珀的一个类别，蜜蜡为不透明、半透明的琥珀。蜜蜡和其他琥珀的区别是：蜜蜡是半透明－不透明的琥珀，蜜蜡可以有多种颜色，其中金黄色、棕黄色、蛋黄色等黄色最为普遍，也有白色蜜蜡。蜜蜡有蜡状感，光泽以蜡状光泽－树脂光泽为主，也有玻璃光泽的，琥珀多为树脂光泽。蜜蜡有时呈现出玛瑙一样的花纹。蜜蜡半透明－不透明是由于琥珀内部含有大量的气泡，当光线照射时，其中的气泡将光线散射，使琥珀呈现不透明的黄色。这种琥珀中每立方毫米大约能有 2500 个直径在 0.05 ～ 0.0025 毫米之间的微小气泡。气泡的数量越多，琥珀的颜色越浅。

过去有一种说法是蜜蜡比琥珀年代更长，有“千年琥珀万年蜡”之说。通过了解，我们知道，琥珀不可能只有千年或万年，应该是千万年级才对。同一地区的琥珀和蜜蜡是同时生成的，蜜蜡比琥珀年代久远是没有依据的。

● 波兰琥珀算盘珠项链

什么是海珀、矿珀？二者有什么区别？

不同产地的琥珀有不同的特点，国内商业中习惯把波罗的海琥珀称为“海珀”，把缅甸、多米尼加、墨西哥和辽宁抚顺琥珀称为“矿珀”。波罗的海琥珀矿脉延伸到波罗的海，经过河流、海水冲刷，矿层中的琥珀被冲刷出来，琥珀漂浮在海上。19 世纪中期之前，波罗的海琥珀几乎都从海上开采，因此称为“海珀”。当时其他地区琥珀需要剥去岩土，在露天矿区或地下开采，所以叫作“矿珀”。矿区采出的琥珀含有不透明的外壳，需要人工剥离；海底的琥珀通常被海浪冲刷掉了外壳。海珀英文为 Sea Amber 或者 Strand Amber，意思是海滩上搁浅的琥珀。矿珀英文是 Pit Amber，意思是矿坑开采的琥珀。现在波罗的海这种漂浮在海面的琥珀已经很少。在中国，目前矿珀、海珀的含义已经逐步演变为产地的含义，即波罗的海琥珀不论是海上获取或陆地坑道开采，都叫“海珀”。海珀的特点是以黄色系、红色系琥珀为主，质量好，产量大。缅甸、多米尼加及抚顺的琥珀主要从陆地矿坑内开采，通常含有较多杂质包裹体，品种较多，商业中习惯称为“矿珀”。依此类推，有人把漂浮在湖面的琥珀称为“湖珀”，笔者认为不妥。

● 波罗的海海珀摆件

市场上假琥珀多吗？琥珀如何鉴定？

琥珀自古赝品多，数百年前，除了误把未石化、半石化的树脂（如桃胶、松香）当琥珀外，也有刻意制作假琥珀的记录。如《博物志》中以烧冶蜂巢所成的蜂蜡（Beeswax）冒充琥珀。《天工开物》载："伪造者唯琥珀易假，高者煮化硫黄，低者殷红汁料煮入牛羊明角。"

● 仿琥珀树脂扁珠

⊙ 近代琥珀作假技术

1879 年发明了熔化琥珀的仪器，成功将松脂掺入熔融的琥珀中。1981 年发明了用天然树脂与酒精、石碳酸、甘油酸、糖、金属氧化物等制成的类似琥珀和柯巴树脂的产品。1892 年发明了再生琥珀制造技术。1897 年发明了用菜籽油净化琥珀的技术。1899 年可以制成人工染色的再生琥珀。波兰市场琥珀仿制品于 20 世纪 40 年代就出现了，20 世纪 60 年代开始大规模用聚酯树脂制造琥珀仿制品或者生产聚乙烯琥珀仿制品。

到了现代，琥珀造假很普遍。其原因可能有琥珀原料越来越少，需求却越来越大；经济利益驱使，作假者道德缺失；技术发展，使造假越来越容易；消费者鉴别真假琥珀的能力弱等。现代造假技术很高，特别是以半石化树脂用现代技术改造仿冒天然琥珀，使鉴别真品和仿品、处理品的难度越来越高，即使是行业人士也经常失手，许多中小鉴定机构都不做琥珀鉴定。根据笔者在天津市场对琥珀的鉴定经验粗略统计，处理琥珀约占10%，琥珀仿品约占20%，不确定为天然琥珀有作假嫌疑的占10%。笔者去过一些小的珠宝展，有些低价柜台展示的几乎全是琥珀仿品，有些甚至用泥土包裹，当作琥珀原石销售。

⊙ 消费者如何鉴定

消费者如何鉴定琥珀的真假？如果您已经购买了琥珀产品，可以先用本书前面介绍的方法，做简易鉴定，得出一个初步判断。如果感觉怀疑，可以到专门的鉴定机构做鉴定。如果你要收藏价值高的琥珀，要向商家索要正规实验室出具的鉴定证书，因为有一些琥珀必须用仪器检测才能确定其真伪。并且学习鉴定也不是看了几本书就可以马上掌握鉴定技术的，这需要大量的实践，不断的揣摩，而且还要有一些矿物学知识才能准确地做出鉴定。目前我国每个省都有专门的珠宝玉石质检机构。正规的鉴定机构应该出具鉴定证书，如果为了省钱可以考虑“口头鉴定”，即不出具证书。通常如果是真品，鉴定机构会给出证书。如果鉴定机构说不能出具证书，有可能是假的，也有可能是有所怀疑，不能确定一定是真品。这里消费者需要注意，部分小的鉴定机构不做琥珀鉴定，也有些不正规的鉴定机构出具的证书不严肃的现象。如果您还未购买琥珀产品，又打算去购买，除了自己判断外，最好的方法是向商家索要正规机构的鉴定证书。

⊙ 鉴定机构是否有资质

消费者选择鉴定机构，关键要看其资质。我国珠宝鉴定机构市场比较混乱，有的珠宝鉴定机构大量发展分支机构，以经济效益为中心，技术力量、仪器设备和管理都不足，很难保证质量。珠宝鉴定属于知识和技术密集型工作，要求鉴定人员是珠宝玉石质量检验师（CGC），实验室必须通过 CMA 中国计量认证。有中国合格评定国家认可委员会（CNAS）认证

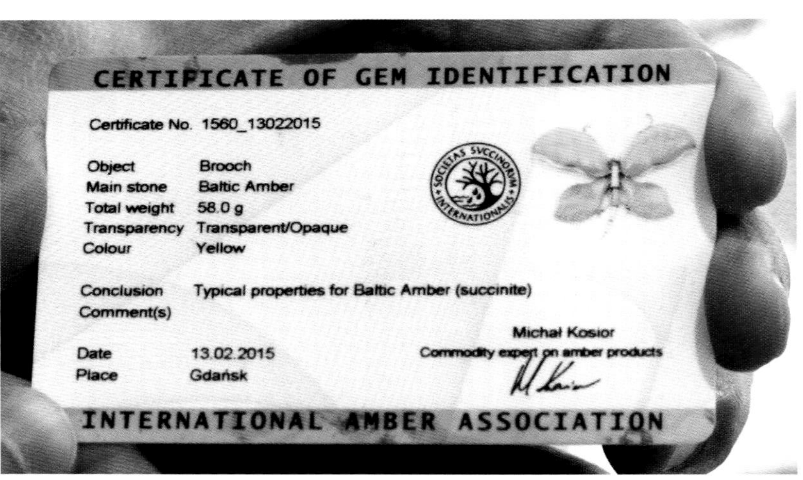

国际琥珀协会出具的对单个琥珀饰品的鉴定证书。其中有饰品照片，并标明相关数据，如品名、重量、透明度、颜色、鉴定结论、备注说明、鉴定日期等。

的机构会更权威，在国际上被认可。消费者可以查看鉴定证书上是否有CMA和CNAS标志。

珠宝鉴定应该找有资质的权威机构进行鉴定。目前我国每个省都有“珠宝玉石质量监督检验站或检验中心”，也有专业地矿机构承办的鉴定机构。如果对鉴定结果有疑义，可以到国家珠宝玉石质量监督检验中心（NGTC）进行复检。

珠宝玉石质量检验

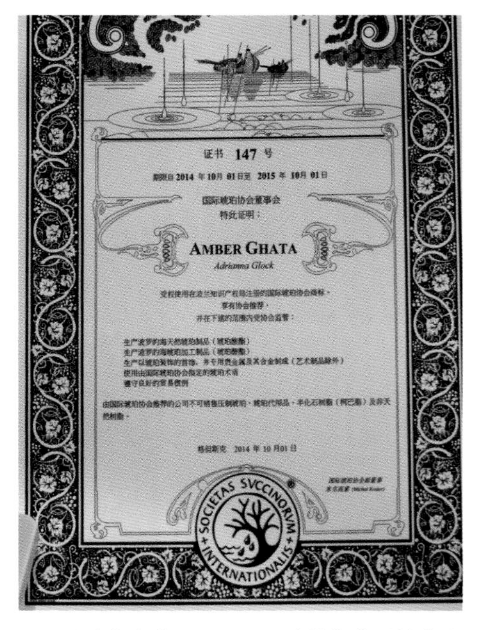

国际琥珀协会的证明。证明该销售商受协会监管，销售天然琥珀制品、琥珀加工制品即贵金属镶嵌琥珀制品，不可以销售压制琥珀、琥珀代用品、半石化树脂（柯巴树脂）及非天然树脂。

师（CGC），又称国家注册鉴定师，是指经全国统一考试合格，取得质量检验师执业资格证书，并经注册从事珠宝业务活动的专业技术人员。

二代琥珀是真琥珀吗？值钱吗？

二代琥珀就是我们前面讲过的压制琥珀，是天然琥珀粉末或碎块在高温高压下再次熔化粘接，再用高压压入模具形成的琥珀。商业中，这种琥珀属于合成琥珀范畴，其价格要比天然琥珀低得多，大致为天然琥珀的十分之一，甚至更低。这样的琥珀制品，使用燃烧法仍然有淡淡的树脂香气，长期佩戴对身体无害。市场上许多二代琥珀在加工时还添加了其他物质，如染色剂、香精及黏结剂等，这种二代琥珀就更不值钱了。

- 合成琥珀手串

此手串珠粒色泽浓郁，与天然血珀颜色相似。抚顺煤矿博物馆收藏。

中东蜜蜡、贵族蜜蜡、雪山蜜蜡是真蜜蜡吗？

市场上有一种五颜六色、纹理多种多样、据说是来自非洲的蜜蜡，价格卖得很贵，很多消费者从非洲高价购买，它们有好多好听的名字，如非洲琥珀、非洲蜜蜡、中东蜜蜡、贵族蜜蜡、雪山蜜蜡、摩洛哥琥珀等。

这种蜜蜡闫丽在其《十招教你辨蜜蜡》一书中有详细论述，结论是假蜜蜡，其本质是塑料。笔者鉴定过多个"非洲蜜蜡"，无一例外都是塑料。

● 仿琥珀雪山蜜蜡手串

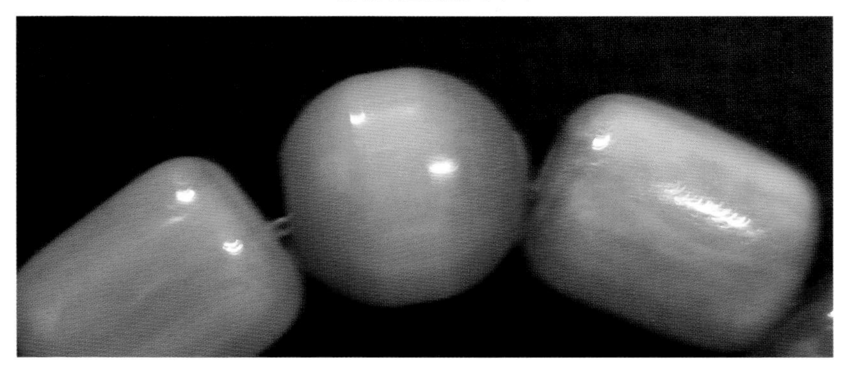

● 仿琥珀中东蜜蜡手串（局部）

无论商家如何宣传，其本质不是琥珀；不是蜜蜡，而是塑料。非洲琥珀其实是欧洲制造的塑料仿琥珀合成制品，先销往非洲，再冠以“非洲琥珀”的名称，销往亚洲。

既然是塑料，为什么价格那么昂贵？一条手串要数万元，为什么2015年又有许多低价的非洲蜜蜡产品，可以卖到百元级。笔者认为其原因有两个。

⊙ 商家虚假宣传

商家的虚假宣传蒙骗了消费者。商家宣传非洲、中东地区特殊的地理环境，出产上等蜜蜡，颜色鲜艳；这种蜜蜡有超自然力量，产量十分稀少；其宗教能力无穷无尽；具有很高的药用价值；这些蜜蜡大多是古代秘制，具有历史价值；传统蜜蜡与其相比不值钱，就像塑料玩具一样，在非洲只有贵族才拥有等。其实这些都是假的，非洲不产琥珀、蜜蜡，琥珀、蜜蜡也没有那么鲜艳的颜色。

⊙ 曾经在非洲被当作珍贵物品

非洲土著酷爱琥珀和蜜蜡，用作饰品、辟邪物和吉祥物。19世纪欧洲琥珀商人用塑料、合成树脂仿造了琥珀、蜜蜡，大量销售非洲，用于换取当地的黄金、钻石、象牙。当时当地人喜欢五颜六色鲜艳的东西，又不懂得如何鉴定真伪，这种琥珀一度在非洲流行，成为贵族喜爱的收藏品。他们购买的价格高，被当地人当作高贵琥珀收藏，非常珍贵，代代相传下来。从20世纪80年代开始，这些琥珀部分流入中国，自然价格也不菲。现在部分贵族蜜蜡手串价格降到百元级，原因是真正老的非洲琥珀已经很少，多数是现代品，消费者逐步认识到这类产品的本质，现在是回归正常、合理价格的过程。

这类琥珀仿品硬度比琥珀高，掉在地上不易摔碎。拿在手里比天然琥珀重，比重在1.21～1.3克／厘米^{3}左右，在饱和盐水中下沉。在高温（约180 ℃左右）下烘烤10～20分钟，不会熔化，颜色反而会加深，随着时间延长整个珠子颜色都变深。

不同类别的琥珀有哪些差异？琥珀按品种分类还是按特征分类？

市场上琥珀细分名称很多，可以根据颜色特征、纹理、包裹物等来分类，消费者需要看清琥珀分类本质。琥珀分类是特征分类，不是品种分类，本书介绍的数十种琥珀、蜜蜡名称，其实都属于一个品种——琥珀。

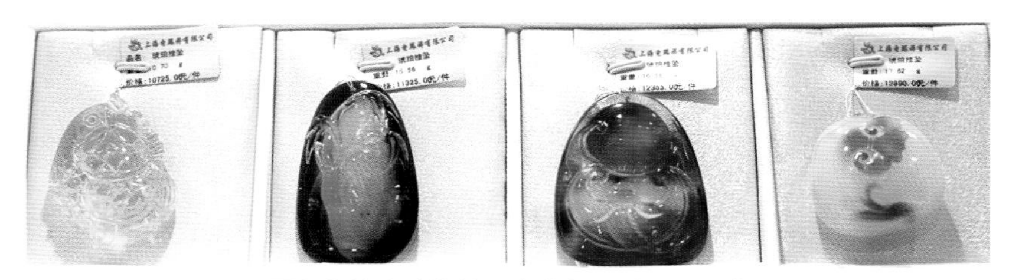

● 不同颜色的琥珀挂件，表皮氧化后颜色深浅不一

● 琥珀颜色随气泡增多而变白

琥珀本质是石化的树脂，纯净的琥珀应该是浅黄色，透明，这是琥珀的本色。然而琥珀形成时受自然环境影响，会有外来物质（如昆虫、树叶、草木、泥土等）加入，还会受到氧化、风化，可能还有一些是因为树种不同，导致琥珀的外观特征不同。琥珀主要按颜色分类，本色琥珀因为受到氧化，颜色逐步变深，可以呈现出不同深浅的黄色和不同色调的黄色、红色甚至黑色。浅黄色接近透明的琥珀形成于低温阴凉地带，氧化程度低。琥珀形成时或开采出来，因为表面氧化而呈现出深色的琥珀，甚至血珀。琥珀呈蓝色是因为琥珀气泡中含有硫化亚铁（FeS），改变了琥珀的反射光谱，也有观点说是蓝珀内部包含的矿物中的元素产生的荧光反应。琥珀呈绿色，是因为琥珀中含有植物碎片或硫化亚铁。

琥珀本是透明的，因为含有微细气泡导致透明度下降，气泡越多，透明度越低，逐步由透明琥珀变成半透明和不透明的蜜蜡，气泡再多就变成白珀。

琥珀形成于热带、亚热带森林，并常与煤矿伴生，琥珀中如果含有少量杂质，可以呈现褐色、灰黑色或土色。琥珀中含有较多的方解石、石英、云母、杂质等围岩成为根珀。琥珀中含有树叶等植物残渣或煤时呈黑色，含有泥土等杂质就是泥土琥珀（Earth Amber）。

琥珀形成时具有流动性，在树干、树根间流动，不同时期的琥珀形成环境不同，含有的杂质也不同，叠加在一起像树木年轮一样形成琥珀纹理，自然纹理千奇百怪，造就出人们喜欢的琥珀艺术品。

琥珀的分类是按其自然属性划分的，本质都是琥珀，没有高贵、低贱之分。琥珀价值与人的价值观有关。有人喜欢透明琥珀，因为它纯净无瑕，很难得。有人喜欢金珀，因为它金光闪闪，纯净、高贵。有人喜欢蜜蜡，因为其颜色如蜂蜜、光泽如蜡脂。有人喜欢蓝珀，因为其稀有的魔幻色彩。琥珀的价值与其颜色、光泽、纹理的美丽程度、透明度、杂质多少、块度大小、品种的稀有度和加工、雕刻艺术等有关。

哪种琥珀好？我想要最好的琥珀！

国人喜欢琥珀，有祈求吉祥、幸福的因素，也与琥珀的自然属性有关。琥珀外观温润、柔和。琥珀不像宝石切割成刻面，闪闪发光，相反，琥珀通常被打磨成弧面。琥珀为均质体，各向同性。琥珀的颜色如同太阳光，给人以温暖的感觉。琥珀是热的不良导体，即使冬天佩戴也不会有冰凉的感觉，而且琥珀密度小，佩戴很轻巧，很舒适，给人以安详宁静的心灵感受。琥珀不会像珊瑚、珍珠等有机宝石，容易受汗水的腐蚀。

传统的琥珀精品是黄色、透明无瑕的。早在古罗马时期，当时最珍贵的琥珀是色彩透明的。普林尼描述的“法拉尼阿酒”琥珀为上品，过去人们还把琥珀色、透明、水灵的酒描述为“琥珀酒”。20 世纪 70 年代，把现在认为是抚顺花珀、缅甸根珀的琥珀认为是质地很次的琥珀，属于泥土琥珀（Earth Amber），抚顺花珀被用来作为燃料烧火。直至现在，欧洲人仍然认为透明的金珀是最好的琥珀品种。维基百科英文版中描述，与常见的云雾状、不透明琥珀相比，透明的琥珀价格更高，不透明的琥珀是因为含有大量气泡，称之为骨珀（Bony Amber）。从宝石学角度看，颜色纯正、透明、无瑕是优质宝石的必要条件，金珀、明珀就属于这种。

现在，人们的观念开始发生变化。从过去对单一黄色琥珀的追求，变为对血珀、蓝珀的追捧。由于总量少，价格昂贵，近几年国人热衷于蜜蜡，

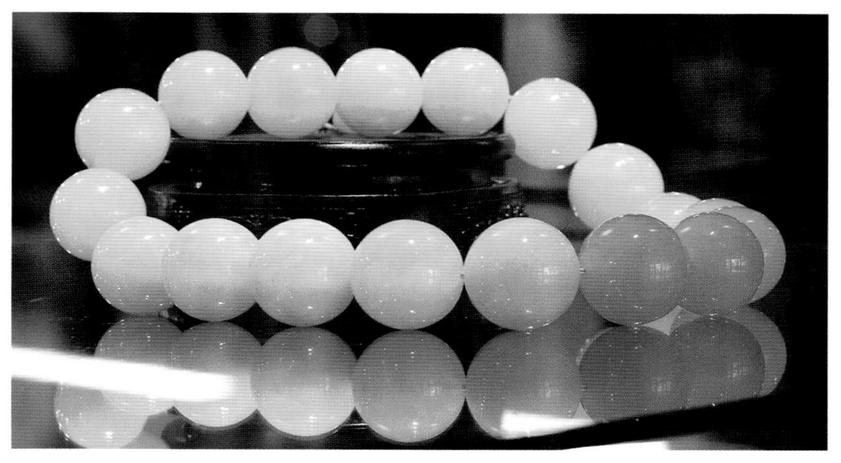

● 海珀蜜蜡手串

出现蜜蜡热，以至于一时间多数琥珀都加个“蜜”，都变成了蜜蜡。从玉石学角度看，色泽温润、质地致密、半透明或不透明者为上品，国人喜欢蜜蜡，也是玉文化的传承。其实在国外没有蜜蜡这个概念，都叫作琥珀。

人们在追求蜜蜡的同时，发现白色蜜蜡也不错，白色蜜蜡也开始受到欢迎。其实过去白色蜜蜡在国外也不是好的品种，现在观念转变，部分好的白色蜜蜡，有了好听的名字，如皇家白琥珀（Royal White Amber）、象牙白琥珀等，受到消费者喜爱。以上琥珀都是单色，琥珀产品太单一。自然爆花的琥珀产量太少、花太小，在满足不了需求的情况下，应用爆花工艺的花珀应运而生，满足了喜欢花珀的消费者的需求。此后另一类花珀——抚顺花珀也受到欢迎。国人喜欢古董，古董琥珀由于受到氧化具有较深的颜色，现在老蜜蜡又受到市场的追捧。

琥珀的好与坏是人的观念的标准。好坏标准会随着时间改变，同一时期不同的人对琥珀的爱好也不一样。有消费者说，我要买最好的琥珀，哪种是最好的？商家的回答是琥珀没有最好，只有您最喜欢、多数人喜欢等概念。

消费者在追求最好的同时，容易走入误区，颜色要鲜艳的，净度要最好的，价格要最便宜的，那只有假的。越追求这些，买到假的概率越大。几千万年前自然界形成的天然的东西，一尘不染，没有杂质，很少很少，而且琥珀的本色就不是鲜艳亮丽的颜色。

● 琥珀仿制品

老蜜蜡真的好吗？老蜜蜡好在哪里？

国内市场认为老蜜蜡更好，药效高，更有收藏价值。笔者认为应辩证地看待这个问题。真正的古代老蜜蜡之所以珍贵是因为其具有历史价值、岁月的沧桑或者喜欢老蜜蜡的深色，更适合收藏者和老年人拥有、把玩。同样一件玉器，现代的和古代的稀有程度不一样，历史价值不一样，价格相差很大，如果与名人有关，其价格会更高，这一点古董蜜蜡和古玉一样。古代流传下来的老蜜蜡，世代流传，能保留至今的通常是精品，如果不好早就被淘汰了，能流传数百年的蜜蜡本身就是稀有品。古董蜜蜡同样能保留世代把玩的痕迹，如氧化颜色变深和包浆等。古董蜜蜡经历了岁月沧桑，记录了岁月历史，这是人们喜欢老蜜蜡的原因之一。至于烤色老蜜蜡，人们喜欢它的原因就是其颜色更深沉，与古董蜜蜡相近，甚至可以仿冒古董老蜜蜡。

下面我们用科学的方法分析一下古董老蜜蜡、烤色老蜜蜡和新老蜜蜡的区别。

首先说颜色。蜜蜡本色为黄色，氧化后颜色变深，呈黄褐色、红褐色。这里的氧化指的是蜜蜡中含有少量铁（Fe）元素，氧化后形成褐铁矿氧化铁（Fe3O4），褐铁矿颜色就是褐色的，这是老蜜蜡或烤色蜜蜡颜色变深的主要原因。古董老蜜蜡的氧化是自然过程，没有人为因素。烤色老蜜蜡的氧化是通过人工加热加速其氧化所致，烤色蜜蜡没有古董蜜蜡的岁月历史。

其次谈谈药效。蜜蜡的药效主要源自蜜蜡中提取的琥珀酸等有机物质。有商家说老蜜蜡药效高，是新蜜蜡的数倍，其实是不科学的。老蜜蜡随着岁月的流逝，其琥珀酸只可能逐步减少。况且蜜蜡中含的琥珀酸很少，现代很少用这种方法提取琥珀酸。蜜蜡作为宝石，其价值远远高于其作为药材的价值。更何况我们购买后绝不可能用蜜蜡去做药。

最后谈谈质地。蜜蜡作为宝石材料，用于雕刻各种摆件、把玩件和首饰。作为雕刻材料要求韧性好，而老蜜蜡随着数百年的岁月，经过风化、氧化，有机成分流失，表面逐步变脆。我们看到许多古董蜜蜡表面出现龟裂纹，甚至表层开始脱落足可以证明这一点。

新蜜蜡，颜色亮丽，韧性好。好的新蜜蜡色泽如蜜、光泽如蜡，是年轻人喜欢的品种。烤色蜜蜡颜色深沉，有古色古香的意味，颇受喜欢古董蜜蜡的老年人喜爱。古董蜜蜡非常稀有，是专业收藏者追逐的目标。

琥珀经过加工，去掉老化的外皮，抛光、上蜡后，随着时间的推移会发生以下 3 个变化。

开始氧化，颜色逐步变深、变红，最终变为褐色。

表面会出现裂纹，逐渐呈砂糖状，琥珀变脆。长时间暴露在空气和强阳光下，琥珀内部结构会变成砂糖状。

荧光逐渐减弱。

为了保护琥珀，减缓琥珀氧化过程，博物馆将珍贵的琥珀放入加拿大香脂中或放入封埋胶（permount）中。白垩纪琥珀年代更久远，在 6500 万年甚至 1 亿年以上，特点是易碎易裂，更需要专门保护。

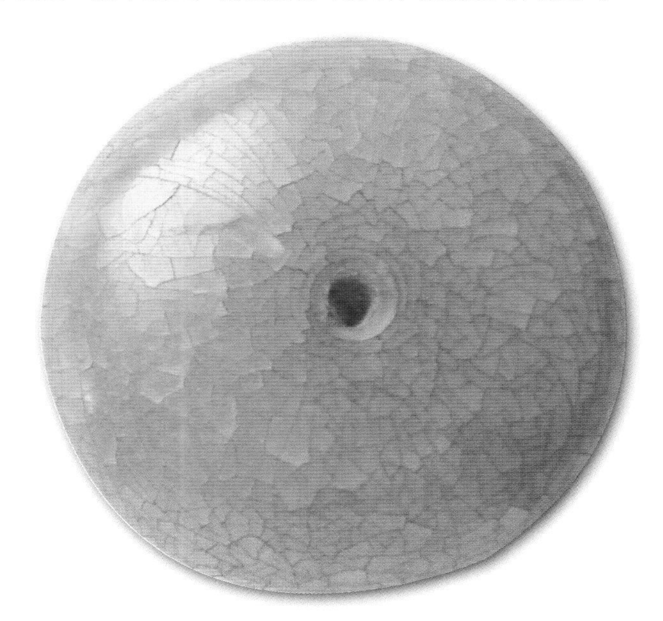

● 老蜜蜡平安扣

老蜜蜡经过数百年的盘磨，表面有明显裂纹。

清·老蜜蜡珠粒

购买血珀时需要注意什么？

血珀有天然血珀、天然翳珀和烤制血珀之分。

天然形成的红色琥珀极其稀少，大概占总量的 0.5%。我们常见的红颜色的琥珀大多数是靠人工加热烤制（加速氧化作用）处理获得的。当然，在空气中自然氧化也会逐渐改变琥珀的颜色，“老”琥珀的颜色都是经过了非常漫长的时间历练变得更红，此为天然血珀。如果能感觉到颜色有明显改变大概需要 50 ～ 70 年的时间。天然翳珀在正常光线下呈黑色，透光观看或强光下是红色。翳珀的价格比红色琥珀的价格低。血珀质量好坏主要看色彩、透明度、纯净度（里面有无杂质）和块度大小。颜色鲜红、透明度高、内部毫无杂质且块大的血珀为上品。好的血珀是琥珀中的极品，造假比较难且稀少，所以价格也更高。

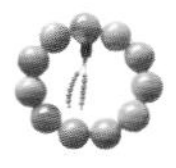

● 血珀室外桃园摆件

此血珀摆件雕工精妙，将山、水、桥、亭、木等表现得淋漓尽致，为人们展现出别样的景致。抚顺煤矿博物馆收藏。

● 血珀观音吊坠

血珀通常不是通体为红色，而是表皮为红色或褐红色。红色表皮的主要成因是氧化作用所致。自然状态下经氧化呈现为红色的琥珀主要见于缅甸和抚顺。由于是矿珀，缅甸血珀、抚顺血珀的内部多含杂质，颜色偏暗，整体不好看，属于低档琥珀。而颜色红、内部透明无瑕的缅甸血珀、抚顺血珀非常少，价格昂贵。

市场上比较漂亮的血珀多是波罗的海琥珀经过烤色优化而来。这类琥珀呈酒红色，仍然属于天然琥珀，但价格亲民，却呈现逐年上涨的态势，受到消费者的喜爱。当然，波罗的海也有自然氧化的血珀，是琥珀收藏者追求的藏品。

市场上有许多处理或造假血珀，主要是再造琥珀经烤色处理而成。有的再造血珀甚至在压制时添加染色剂，使颜色更红。颜色好的天然血珀为酒红色、褐红色、暗红色，极少有鲜艳的红色。如果消费者购买到鲜艳红色的血珀，可以肯定为假。

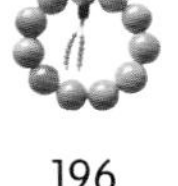

● 血珀 18 子佛珠

绿色琥珀是真琥珀吗？真正的绿珀“长”啥样？

琥珀本色多为黄色系或白色系，也有在自然光线下呈绿色的琥珀，但非常稀少，曾经在意大利西西里岛和缅甸出现过，现在基本不见踪影。目前市场上的绿色琥珀主要产自多米尼加共和国和墨西哥。这种绿珀本色为黄色、棕黄色或酒红色，但在荧光灯下呈绿色。多米尼加琥珀内部杂质多，且多数都有荧光，而有荧光的琥珀中多呈淡绿色，约 10% 呈蓝色，这就是为什么多米尼加蓝珀特别珍贵，而绿珀的价格要低得多。和多米尼加绿珀相比，墨西哥绿珀内部纯净得多，荧光下绿色更为浓郁，产量也更多。由于蓝珀比绿珀的价格高，在市场上商家称其为墨西哥蓝珀。

2000 年后，绿色琥珀受到市场追捧，造假绿色琥珀泛滥。常见的造假方式是用柯巴树脂染色，然后淬火增加柯巴树脂硬度，仿冒名贵的绿色琥珀。但随后绿色琥珀的价格暴跌，比蓝珀价格低得多。天然绿色琥珀很稀少，消费者在购买时需要注意。

目前市场上常见的在自然光下本色为绿色的“琥珀”，从淡绿色到艳绿色，多透明无瑕。这种“绿珀”一般是经过染色和“脆硬”处理而来。最常见的来源是利用柯巴树脂加热到熔融状态放入绿色染料和“脆硬”而成，也见用劣质琥珀碎料或柯巴树脂碎料再造染色的“绿珀”。染色、再造、脆硬这些都不属于琥珀的优化技术。

市场上销售的所谓“绿琥珀”

购买香珀时需要注意哪些问题？

多数琥珀都有一定的香味，但需要在钻孔或加热时才产生，这类琥珀不属于香珀。用手在软布上轻轻摩擦就能产生淡淡香味的琥珀才能称为香珀。好的香珀具有较为浓郁的松香味，甚至在佩戴时受体温影响，也能发出淡淡的清香味。这种香味具有定惊安神、舒筋活血的作用。

从目前市场情况看，香珀主要是白色系的琥珀，以白色为主或为白色、黄白色相间，属于白蜜蜡、骨珀系列。香珀主要产自波罗的海地区，如俄罗斯、波兰、立陶宛等国。有报道称在多米尼加见到有香味的蓝珀。消费者如果买到其他颜色的香珀，需要注意辨别真伪。但不是所有白色蜜蜡都有香味，都是香珀。抚顺白蜜蜡不具有香珀浓郁的香味，许多乌克兰产的白蜜蜡中香味也很微弱。波罗的海琥珀中白蜜蜡较少，不足十分之一。有些白蜜蜡颜色发白、发黄，在蜜蜡中质量一般，但香味浓郁。有些白蜜蜡颜色如象牙白，但香味较淡。颜色好，香味浓的白蜜蜡香珀受到收藏者的追捧，价格自然不菲。同样质

• 白琥珀项链

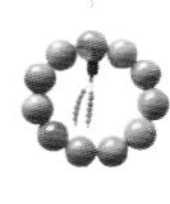

量的白蜜蜡，如果有香味，其价格会增值不少。近几年香珀价格每年都有30% 左右的增幅。

随着人们对香珀的追捧，市场上也出现香珀造假现象。比如，由香珀粉末和碎料加工的压制香珀。更多的是由于加了香料才有的香味，或者在塑料、树脂的仿品中加入香料。这类琥珀不需要用力摩擦就有香味，消费者要特别注意。造假香珀与香珀最大的区别是造假香珀的香料香味浓，甚至有刺鼻的香味，而真品香珀的香味淡雅。

琥珀中的香味和形成琥珀树脂的树木有关，波罗的海琥珀由松柏科植物形成，香味最浓，具有淡淡的松香味。抚顺琥珀也是松柏树树脂形成，也具有松香味，但香味较波罗的海琥珀淡，略带煤味。多米尼加琥珀和墨西哥琥珀来自豆科植物，具有豆香味。缅甸琥珀来源于史前未知树种，几乎没有香味。

● 波罗的海白蜜蜡方牌项链

花珀有假的吗？市场上哪种花珀好？

目前市场上花珀很热门，无论是晶莹剔透的太阳花琥珀，还是抚顺花珀都受到追捧，因为这些花珀给颜色单一的琥珀注入了美丽，满足了部分消费者的需求。那么到底哪种花珀好？花珀有假的吗？我们从两大类花珀进行分析。

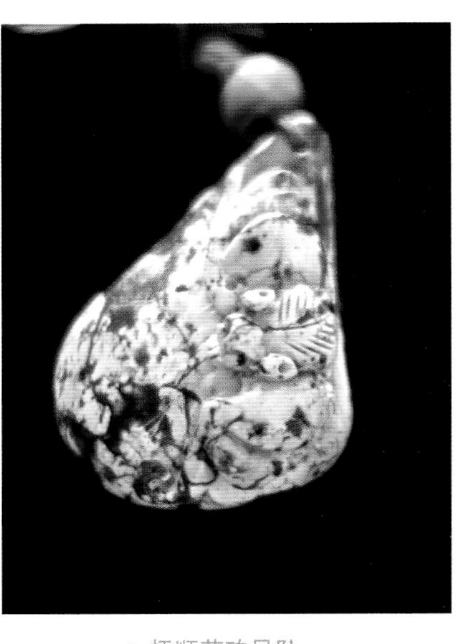

● 抚顺花珀吊坠

⊙ 抚顺花珀

前面讲过，抚顺花珀是抚顺特有的一种带花纹的琥珀，其内部有两种或多种颜色，且颜色分布不均匀。20 世纪，人们认为抚顺花珀是质量很差的琥珀，用来烧火。近些年，人们的观念逐渐改变，抚顺花珀成了珍品，在抚顺封矿的背景下，越显珍贵，市场上真正的抚顺花珀已经很少，一级料几乎见不到。抚顺花珀根据原料分为以下几个档次。

一级料：白色为主，少量褐色、黑色。纹理清晰流畅，富有美感。其中近乎全白色者为最佳，目前很难见到。

二级料：料中白色的部分减少，且发黄，更多褐色、黑色部分。有纹理，图案相对美观。

三级料：料中白色部分很少，褐色、黑色成分多。纹理图案很一般。

● 抚顺花珀手串

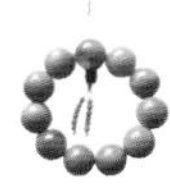

抚顺花珀产量少，现已停产，市场处于有行无市的态势，一级品更是基本见不到。市场上见到很多低档的仿品，仿冒规模大、真假难辨，是仿冒和假琥珀的重灾区。造假仿品主要是压制琥珀，用外观类似的琥珀碎料、粉末进行压制，更有过分的，用树脂合成花珀。

缅甸根珀的外观和抚顺花珀有相似之处，也有人认为它们是同一种琥珀，只是产地不同、名称不同而已。和抚顺琥珀相比，缅甸根珀多为黄色、棕色纹理，常含方解石包裹物。缅甸根珀价格要比抚顺花珀价格低得多，因此常用来仿冒抚顺琥珀。消费者一定要注意这种仿冒品，因为鉴定机构不鉴定琥珀产地。

⊙ 太阳花花珀

太阳花琥珀是由于琥珀内部气体包裹体在温差和压力释放时爆裂产生的花。天然形成的太阳花花珀是指琥珀开采出来时内部就含有太阳花，是琥珀在自然环境中因压力变化导致气泡爆裂形成的花。自然界有天然形成的太阳花琥珀，但不多见，通常花非常小，不够美观，且含有杂质，常被当作低档琥珀，价格不高。当然个别极品纯天然太阳花琥珀是收藏者们追求的藏品。

市场上的太阳花琥珀基本都是经过人工优化而成，琥珀是天然的，只是花是人工优化产生的，根据国家标准，仍然属于天然琥珀。人工优化产生太阳花的技术成熟，可以在透明的黄色、红色、绿色甚至蓝色琥珀中产生太阳花，增加其美丽程度，其价格与原琥珀相差无几，或略高一点。由于太阳花工艺的热处理会大大减弱琥珀的荧光效应，因此好的蓝珀、绿珀通常不做太阳花工艺优化。

选择太阳花琥珀，一看琥珀本身，比如颜色的美丽程度，透明度，内部杂质情况、裂隙情况等。二看“太阳花”，单个花要完整、美观、个体大，不要半个花或不完整的花。内部要有多个花，排列美观而不杂乱。至于花是红色的（爆花时加入了氧气）还是黄色本色（爆花时没有加惰性气体）看自己喜好，价格基本没有区别。好的太阳花琥珀来自波罗的海透明的黄色琥珀，内部的太阳花像节日盛开的礼花，非常美丽，其价格并不高，受到消费者喜爱。

那么，太阳花琥珀是否有假的。答案是有。市场上有以再造琥珀为原料，经过优化产生的太阳花琥珀，有些外观还经过烤色工艺处理使其颜色加深，主要目的是掩盖“再造”痕迹，消费者需要注意。

选择蓝珀应该注意哪些问题？

最好的蓝珀当属多米尼加蓝珀。蓝珀是指在紫外线下显示蓝色荧光的琥珀，在自然光、日光灯下看不到蓝色。比较好的蓝珀在自然光线下也会有蓝色闪烁，只是看到蓝色的角度少些，或有或无，灵动闪烁。最好的蓝珀在自然光下呈纯正的天空蓝色。顶级的蓝珀为 3A 天空蓝蓝珀。3A 指

● 琥珀项坠

净度为 A，颜色为 A，切工为 A，即净度、切工、颜色都为最好的天空蓝蓝珀。观察蓝珀最好的方法是在日光下，将蓝珀的背面用黑底衬托（黑底能吸收透射到琥珀的颜色，突出琥珀表皮反射的荧光蓝色，并使蓝色更深，甚至能看到荧光层的厚度）。3A 天空蓝蓝珀在日光下，不用加黑底就可随着观察角度呈现出以蓝色为主，偶尔也会有绿色、黄色、紫色或褐色等多种颜色，转变观察角度，颜色逐渐变化，好似“活”的颜色，呈现出梦幻般的灵动色彩，非常美丽。

当然 3A 有严格的标准，消费者需要自己比较，有的商家标为 3A 级的蓝珀，比真正 3A 蓝珀有明显差距，说明商家为了销售，故意夸大了级别。有的商家标出了 4A、5A 甚至 7A 等级别，这个似乎不妥，行业中没有这种说法。

国内市场上除了多米尼加蓝珀外，有相当一部分是墨西哥蓝珀，也有少部分是缅甸蓝珀。多米尼加蓝珀质量最好，价格当然也最贵。顶级多米尼加蓝珀之美受到许多琥珀收藏者的喜爱，其产量稀少，矿藏量也急剧减少，其价格依然坚挺。和多米尼加蓝珀相比，墨西哥蓝珀更纯净，但蓝色荧光效果要弱得多。墨西哥和缅甸的蓝珀，档次要低得多，价格也会便宜很多。

虫珀产自哪里？虫珀作假方法有哪些？

虫珀是琥珀中最珍贵的品种，是数千万年乃至上亿年前（恐龙时代）的小昆虫被树上流动的液态树脂沾粘包裹，然后埋藏在地下石化后形成的有机化石。通过虫珀可以实现真正意义上的“穿越”。我们看到数千万年前的昆虫，我们还可以看到那时昆虫被树脂沾粘后挣扎的痕迹。透明的虫珀常被誉为真正的昆虫“水晶宫”，一切都那么完美地保留并呈现在您的面前。电影《侏罗纪公园》讲的就是科学家利用保存在琥珀中史前蚊子体内的恐龙血，提取恐龙基因，使6600万年前的恐龙复生。

虫珀的主要产地为波罗的海、抚顺、缅甸、多米尼加共和国和墨西哥。下表是笔者总结的不同产地虫珀的特点。

●立陶宛虫珀

此琥珀内包含蜥蜴，极其稀有。立陶宛帕兰加琥珀博物馆收藏。

产地要素	波罗的海虫珀	抚顺虫珀	缅甸虫珀	多米尼加虫珀
形成年代	3000万～6000万年前	3500万～5900万年前	3000万～1.2亿年前	1700万～3000万年前
特点	虽然产量少，但仍然是目前虫珀的最主要产地，且质量好。价格相对透明、规范。虫体保存较好，形态饱满，完整，虫体小	抚顺琥珀与煤矿伴生，煤矿通过炸药爆破开采，被炸碎或有裂纹。现已停采，保留下来的琥珀原石比较小。昆虫保存较好，但干瘪、褶皱，不如波罗的海琥珀虫体饱满，虫体小	原石比抚顺琥珀大。质量好的产自峡谷老矿，价格高，市面上更常见的产自新矿，形成时间跨度大	产量少。但内含昆虫的种类更为丰富。内部多含火山灰，包裹体多
虫的种类	昆虫为主，其次为蜘蛛，其他动物占比不足2%	抚顺虫珀昆虫种类丰富，常见的有蚊蚋、抚顺摇蚊、蚜虫、抚顺蓝绿象甲、抚顺卵头蚊、长尾蜂等。其中抚顺盔甲、蜢、长足虻、华夏蕈蚊是抚顺特有品种。体形较大的有蝎子	缅甸虫珀种类丰富，常见的有蚊蚋、白蚂蚁、拟蝎。发现的其他昆虫有蜘蛛、蟑螂、蜜蜂、马蜂、甲虫、马陆、蜈蚣、蚂蚱、毛虫、螳螂、蚜虫等	最常见的是蚊蚋。其他常见昆虫有蜡蝉、角蝉、叶蝉、蜉蝣、螳螂、蝽类、草蜢、螨蜘蛛等。稀有珍贵品种有青蛙、壁虎、蜥蜴、变色龙、甲虫、蟋蟀、锯蝇、蝴蝶、蝎子、蜈蚣、马陆等
颜色	浅黄色、棕黄色	金黄色为主，少量棕红色	金色、棕红色。颜色比抚顺的浅	黄色系
荧光性	荧光弱。在长波紫外线下为白色或浅蓝色	荧光比波罗的海琥珀强，比缅甸琥珀、多米尼加琥珀、墨西哥琥珀弱。长波紫外线下呈白绿色、草绿色	荧光强。多见白色、紫色、蓝色	荧光强，多为绿色和蓝色

虫珀市场作假行为主要分为以下几类。

产地作假：由于抚顺琥珀受到国人的喜爱，价格较高，市场上常见用缅甸虫珀冒充抚顺虫珀，因为二者都属于矿珀，有许多相似特性。多米尼加虫珀种类繁多，受到世界各地研究者的青睐，市场上常见用墨西哥虫珀冒充多米尼加虫珀，因为二者在许多方面相近。

高仿虫珀：天然琥珀内部常有孔洞、裂隙，在孔洞、裂隙中放入现代昆虫，用树脂等进行充填，或者用烤色对表面进行掩盖，甚至在孔洞、裂隙处覆盖粘贴天然琥珀。有的甚至是半真半假，即在质量不太好的小虫珀上，粘贴一个包含大的昆虫的假虫珀。

柯巴树脂虫珀：柯巴树脂本身是天然的，其内部原始形成时也会包含天然昆虫。即用包含昆虫的天然柯巴树脂，冒充天然虫珀。

假虫珀：假材料、假虫。以各种假材料，如柯巴树脂碎料、塑料、树脂等加热熔融放入现代昆虫制成。

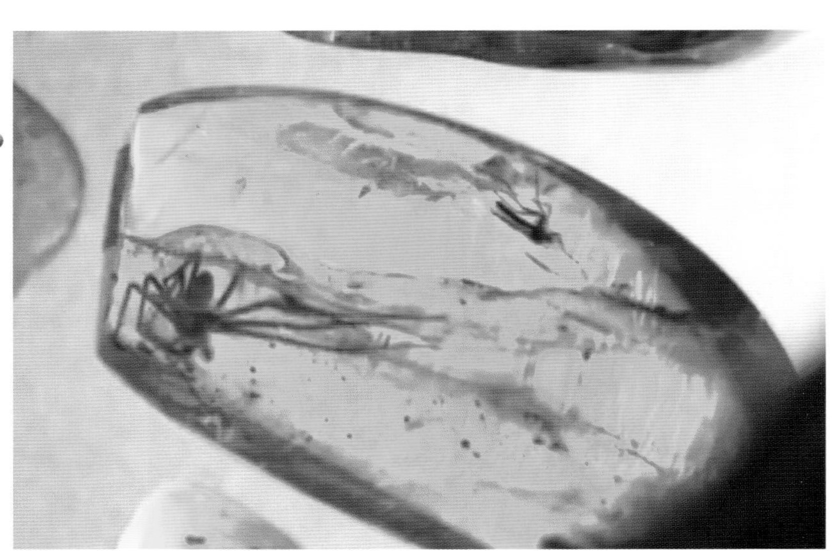

● 立陶宛虫珀

此琥珀透明度极高，内部包含长腿蜘蛛和蚊子。

骨珀和白蜜蜡有什么区别？

骨珀是一种白色不透明的白色琥珀，许多网友问，骨珀和白蜜蜡有哪些区别？

其实骨珀一词来自国外，英文为Bony Amber，是一种白色琥珀，不过骨珀的颜色并不纯粹，常常带有一些浅黄色，因其与骨头外观相近，由此得名。蜜蜡是中国的分类，国外没有蜜蜡一说，在国外蜜蜡就是琥珀，英文为Amber。因此白蜜蜡也是中国说法。按照国内对蜜蜡的定义，不透明、半透明的为蜜蜡，透明的为琥珀，那么广义上讲所有白色的琥珀都是白蜜蜡。

但是，蜜蜡一词的本意是要有蜡状光泽。蜜蜡色泽如蜜，光泽如蜡。如果白色骨珀没有蜡状光泽，外观像干旧的骨头，称为蜜蜡就勉强，这种情况还是叫作骨珀更为形象、恰当。笔者在网上查了一下，有些网友总结得很好，半透明有蜡状光泽的琥珀为白蜜蜡，骨珀呈现的是白色和不透明状态。还有网友认为，骨珀只是颜色和白蜜蜡相近，但并不属于白蜜蜡。骨珀表面太干，不容易抛光，没有珠宝的光泽；质地松软，不能用于雕刻和车珠子，是品质比较低等的琥珀；价格相对比较低，常常有些不良商家用骨珀冒充白蜜蜡，牟取暴利。其实这是部分商家的解释。

我们再看看国外是如何定义骨珀的。国外矿物网站（ww.minerals.net）给骨珀（Bony Amber）的定义是：骨珀是云雾状半透明琥珀，内部含有厚重的气泡（Cloudy, translucent Amber containing dense inclusions of bubbles throughout its interior）。其定义表述的骨珀和我们所说的白蜜蜡很类似。其实国外的骨珀也不完全是表面“干”的琥珀，质量好的白色琥珀有着高贵的名字，叫作皇家白琥珀（Royal White Amber）或象牙白琥珀。笔者的意见是，它们本质都是琥珀，琥珀分类是外观特征的分类，不是品种的分类。琥珀分类常用象形描述法，白色琥珀，外观像蜡，叫白蜜蜡；外观像骨头，叫骨珀；外观颜色像象牙颜色，叫象牙白琥珀（或象牙白蜜蜡）；外观干涩像白垩，就叫白垩状琥珀。

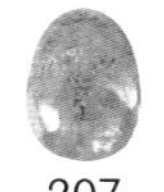

碎琥珀料如何利用？

琥珀矿开采的黄金期已经过去，大块琥珀越来越少，琥珀价格越来越贵，当今的琥珀碎料也要利用。有朋友到抚顺购买了部分琥珀碎料，10毫米左右，含有大量杂质。向我咨询，琥珀碎料如何利用？我给出以下两条建议。

1. 直径2～10毫米的琥珀。

质量较好的直径2～10毫米琥珀，有3种利用方法。

第一，磨成珠子，直径3～10毫米的琥珀珠子可以直接做手链、项链。小碎料可以磨成直径2～3毫米的珠子，作为琥珀项链的辅链。

第二，加工成几何形状，以马赛克形式做琥珀工艺品。不加工，以自然形态在琥珀画中粘贴上去，作为画中的要素，如石头、果 实等。

第三，琥珀碎料筛选去掉杂质后，用胶黏合，形成大块黏合琥珀，然后再加工利用。

如果质量不好，内部裂纹多，杂质多，则只能破碎，经过重液筛选，分离出较为纯净的琥珀砂。

2. 琥珀砂（粉末）。

用于制作琥珀沙画；

作为原料，制作压制琥珀（二代琥珀）；

用作香料，在制作香时加入部分琥珀，燃烧时发出淡淡清香；

用来提取琥珀酸等有机物质。

● 琥珀碎料

琥珀屋真的存在吗？

琥珀屋是世界第八大奇观，是18世纪琥珀艺术的巅峰之作。2003年琥珀屋重现，是叶卡捷琳娜宫的象征。下面我们进一步了解一下琥珀屋的传奇故事。

1701年，普鲁士国王腓特烈一世下令在他的宫殿中建造一间完全用琥珀镶嵌的宴会厅。先后由丹麦和德国但泽琥珀雕刻专家设计完成，有花草纹、皇族纹章、普鲁士盾徽（戴着皇冠的鹰）等纹饰。1709年，决定用琥珀面板装饰柏林附近的奥兰尼宫(Oranierschloss)中的一间厅。首先将琥珀镶嵌在橡木板上，然后再固定在墙壁和顶棚上，据说使用了10万块精美的琥珀。建造历时10年，几乎耗尽了普鲁士国家预算，最终于1711年建成。1712年，俄罗斯沙皇彼得一世访问普鲁士时在一次散步时偶然看到琥珀屋，感到非常惊愕，激动得说不出话来。

● 琥珀屋1859年照片

● 20世纪90年代俄罗斯工匠修复琥珀屋时的照片

1716年11月，俄国沙皇彼得一世访问普鲁士，普鲁士国王腓特烈一世的儿子威廉一世为了与沙俄结盟，将稀世之宝琥珀屋作为俄普亲善的礼物送给彼得一世。至此，普鲁士和俄罗斯结为联盟，共同对抗瑞典。1717年年中，镶嵌在橡木板上的琥珀被拆卸下来，装满18只大箱子，运往哥尼斯堡（俄罗斯西部港市加里宁格勒的旧称），然后又运往圣彼得堡，储藏在俄罗斯圣彼得堡东宫。8年后，彼得大帝去世，奢华的“琥珀屋”也随之被遗忘了。

1743年，伊丽莎白登基。她将皇宫设立在东宫，下令利用琥珀板装饰皇宫招待室（此项工程于1746年完工）。同年，伊丽莎白的新皇宫在圣彼得堡皇村（现为普希金城）开始建设（现在的叶卡捷琳娜宫），设计中有两间非常奢华的宫殿，一间是250平方米的金色长厅，另一间就是琥珀屋。1755年7月，琥珀面板被迁移到叶卡捷琳娜宫，面积达96平方米。

在此后的近200年时间里，琥珀屋不断修缮，并不断增加新的珍宝。1763年，5位柯尼斯堡的琥珀大师对琥珀屋进行装饰。彼得一世收藏了许多琥珀艺术品，1765年琥珀屋里的琥珀艺术品已有70件，包括柜子及其上摆放的耶稣像、烛台、刀叉、茶托、鼻烟壶等。前苏联驻波兰大使瓦伦丁·法林对琥珀屋这样描述："简直就是梦幻般的，就像在童话仙境中。"由于马赛克图案经常脱落，以及琥珀的严重氧化，琥珀屋在 1810 年、1830 年、1911 年进行了修缮。

1941 年"二战"期间，希特勒对苏联宣战，俄罗斯人开始把叶卡捷琳娜宫内的贵重物品（主要包括绘画和雕件，以及琥珀屋内的琥珀艺术品）拆卸装箱，运往后方。镶嵌在墙壁上的琥珀经过实验，拆卸后大批脱落，不易运输，所以采用就地保存的策略，进行表面覆盖，加双层门窗，门口添堵沙子等方法。

1941 年 9 月 17 日，纳粹占领了普希金城和原叶卡捷琳娜二世的皇宫。军队首领认为琥珀屋是德国人的骄傲，是用普鲁士琥珀制成，应该回到它的祖国，回到哥尼斯堡。1941 年 10 月 14 日， 6 个人耗时 36 小时将琥珀屋拆散。拆卸的琥珀镶板装满了 27 只箱子。同年 11 月 13 日，纳粹军队用火车将琥珀镶板运回东普鲁士的哥尼斯堡。1942 年 4 月 12 日，琥珀屋经重新组装，在哥尼斯堡对外展出。1944 年 2 ～ 4 月，苏军逼近柯尼斯堡，希特勒下令转移琥珀屋，琥珀屋再次被拆卸装箱，并储藏在皇家城堡的地下室。1944 年 8 月 27 日、29 日，英国皇家空军把柯尼斯堡夷为平地。幸

● 俄罗斯琥珀宫

俄罗斯圣彼得堡叶卡捷琳娜宫，重新修复的琥珀屋就是该宫殿的一个100多平方米的屋子。

运的是琥珀屋的面板除下部6块面板受损外，其他镶板得以妥善保存，此后琥珀屋的去向不明。1945年4月9日，苏联军队占领柯尼斯堡，却未发现琥珀屋，价值连城的“琥珀屋”（据估计价值1亿～2.5亿美元）就此神秘失踪。虽然后世不断有人找寻琥珀屋，但至今仍没有明确结果。一些线索显示，琥珀屋在1945年4月9日的轰炸中烧毁，代表独特文化的纪念也永久地消失了。

1979年4月10日，苏联议会决定重建琥珀屋，苏联政府拨出800万美元专款用于重建“琥珀屋”。1999年，德国一家天然气进口公司也资助了350万美元。为了最大限度地重现“琥珀屋”当年的风采，俄、德专家们克服重重困难，经过24年的努力，合力重建“琥珀屋”。2003年5月31日，在圣彼得堡建城300周年纪念日上，俄罗斯总统普京和德国总理施罗德为新建的琥珀屋剪彩，并正式对游人开放。

重建后的“琥珀屋”有8米高，整体结构呈东西对称设计，琥珀镶板面积约90平方米，平均分布在三面墙上（另一面墙为窗户和镜子），增强了琥珀屋的亮度。琥珀屋墙壁由12块护壁镶板和10个墙角柱板组成，在每块琥珀面板边增加了镶金的旋涡状装饰条，并安装了24面威尼斯式样的镜子，镜框用琥珀雕刻而成。建筑师拉斯特利把琥珀镶板用镶嵌有镜

琥珀屋东北角。一个座钟在角上，左侧大部为北墙，金黄色竖条为镜子。

子的长柱子隔开，镜柱用金边装饰，柱顶是巴洛克式建筑风格的女士头像。窗户之间的墙壁也安装了窗间镜，并用金色花边装饰。琥珀屋为木地板，屋顶由绘画大师法兰西斯科 · 塞尔瓦托 · 佛特巴索画了天花板壁画。修建之后的“琥珀屋”即体现了原来普鲁士的巴洛克风格，又体现了俄罗斯的洛可可风格，更加华丽，可以说是巧夺天工、光彩夺目，更加富丽堂皇，是真正的金碧辉煌。

琥珀屋整个工程动用了整整6吨琥珀和其他宝石。建造琥珀屋所需琥珀主要来自俄罗斯加里宁格勒琥珀矿区，最大的一块琥珀整料重约1千克。开采出的原始琥珀在热油中进行净化，有的还经过染色处理。琥珀屋的设计依据是纳粹入侵前保留下来的琥珀屋黑白照片，专家们从这些老照片上识别出13种不同的琥珀，一一进行对比后，最终确定使用哪一种琥珀。纳粹分子匆忙拆卸琥珀屋时留下来的70块琥珀，在设计时也派上了用途。琥珀屋的墙壁用无数块琥珀板精心雕刻拼接而成，这些琥珀呈黄色或暗红色，有泡沫琥珀、蜜蜡、透明琥珀，镶嵌在琥珀板中间的是一颗颗纯天然的宝石。从原琥珀屋搬迁出去保留下来的琥珀艺术品也被安置在新的琥珀屋内。重建后的琥珀屋更加光辉耀眼，现在的琥珀屋位于俄罗斯圣彼得堡南25千米外的普希金市沙皇村叶卡捷琳娜宫中，是俄罗斯圣彼得堡著名旅游景点。

琥珀有多大？多大的琥珀、什么样的琥珀值得收藏？

其实什么样的琥珀值得收藏或者具有收藏价值，严格地说这是一个没有答案的话题。琥珀市场上，琥珀不同级别、类别，如同股票市场一样千变万化。同其他收藏品一样，受到供给、需求等方面因素影响。笔者只能从近些年琥珀收藏市场进行一些个人看法的描述。

琥珀属于天然资源，受到资源限制、环境保护的影响，其开采成本越来越高，随着经济的发展，需求量逐步增加，因此长久看，琥珀市场会温和上涨，受经济、政策因素小幅波动。收藏品和实用品有本质区别，收藏要求是高端产品，不能达到人见人爱，至少是多数人看了都会喜爱。其中最主要的是收藏者自己要喜爱，而且是特别喜爱。作为高端收藏品要长期拥有，可以通过藏友转让或拍卖会出手。

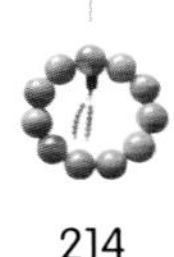

从近些年收藏行情看，高端产品比低端产品更具保值性、增值性，琥珀也不例外。事实证明，琥珀当中非常珍稀的绿珀、蓝珀的价格上涨了10倍甚至更多。自然形成的优质大块血珀、优质蜜蜡仍然是收藏者追求的类别。产品形式方面可以是大块原料、大雕件、手镯、直径25毫米以上的珠串等。鉴于天然琥珀的产量越来越少，特别是其中珍稀品种一价难求，预计今后天然琥珀艺术品的收藏与投资将会很有前景。

琥珀收藏的另一个要求就是个体要大，越大的琥珀越稀有。琥珀重一千克即为稀品。下面简单介绍一些琥珀珍品。

“宗主教”琥珀2.172千克，椭圆形，有较小的平壁，可见层结构，有白色和深黄色彩，表层有自然形成的氧化薄层，价值很高。加里宁格勒州博物馆里最大的琥珀重4.28千克。在德国柏林收藏有一颗重达6千克的大琥珀。据说19世纪里曾有过9.7千克的，甚至还有12千克的琥珀出现，这样的琥珀100年也难遇到一次。在波罗的海岸边琥珀开采历史上，登记了将近10个5千克重的琥珀。15年前有过2千克重的琥珀，那是在俄罗斯第一任总统叶利钦视察加里宁格勒时找到的，所以用叶利钦的名字命名。据说世界上一块名为“缅甸琥珀”的琥珀王，重达5.2523千克，实际上却是一位名叫约翰·查尔斯鲍宁的人于1860年在中国广东以300英镑购得的。世界上最大的琥珀来自缅甸，重约15.25千克，1860年出土，目前收藏在伦敦自然历史博物馆。

琥珀饰品如何保养？

琥珀是一种娇贵的宝石，日常保养和保护直接影响到琥珀的质量和耐久性。

1. 琥珀属于有机宝石，易溶于有机溶剂。琥珀不宜接触挥发性、腐蚀性、有机溶剂的物质，如酒精、苯、指甲油、发胶、杀虫剂、香水等，要远离强酸、强碱。而且琥珀硬度小，下厨做饭、洗碗时不适合佩戴。

2. 琥珀的熔点低，易熔化、易氧化，怕热，怕暴晒，琥珀制品不能在烈日下暴晒，应避免太阳直接照射。不宜放在高温的地方，不能见明火。

3. 把琥珀存放在密封容器内，如玻璃容器、塑料袋、密封塑料盒，以减缓琥珀的氧化过程。

4. 如果佩戴后想清洗，用中性清洁剂加温水浸泡，用手搓拭后以清水冲净，然后用眼镜布之类不掉绒毛的软布擦干即可，也可用湿布轻轻擦拭。不要使用超声波的首饰清洁机器清洗琥珀，不要用毛刷或牙刷等硬物清洗琥珀。正常的佩戴与把玩不会对琥珀造成损伤。

5. 琥珀的硬度低，需要单独封装放置，不要与其他首饰放在一起，以免摩擦受损。与硬物的摩擦会使表面毛糙，产生细痕。日常佩戴时要避

● 蜜黄色琥珀雕件（一组）

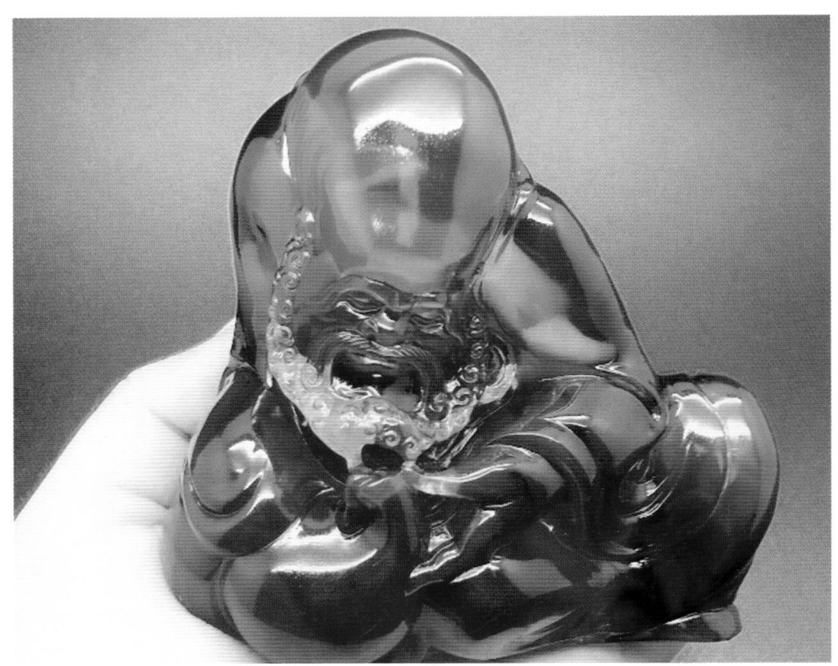

● 缅甸琥珀寿星雕件

图片由地大世家提供。

免刻划，因为其硬度小，能被指甲、衣扣等硬物刻划。

6. 琥珀在过于干燥的环境中易产生裂纹，要尽量避免强烈波动的温差。

7. 琥珀划伤后，在软布上轻轻擦拭会亮丽如初，滴上少量的橄榄油或是茶油轻拭琥珀表面，稍后用布将多余油渍沾掉即可，可恢复光泽。最好的保养方法就是佩戴，因人体含有油脂，可以滋润琥珀。

8. 购买的琥珀，较长时间后表面颜色会逐步加深，或者表面摩擦不光亮，这时琥珀需要进行打蜡并用松软的棉布上光。上蜡时不要使用带去污性和挥发性的蜡，长时间有可能腐蚀琥珀。

9. 琥珀饰品摔裂，可以找专业机构修复。对于波罗的海琥珀可以使用氢氧化钾水溶液使之软化压合，一般琥珀也可以采用含有树脂的酒精溶液进行黏合。

参考文献

[1] 张蓓莉．系统宝石学（第二版）[M]．北京：地质出版社，2006

[2] 肖秀梅．琥珀蜜蜡选购与把玩[M]．北京：化学工业出版社，2014

[3] 丘志力．珠宝市场估价[M]．广东：广东人民出版社，2005

[4] 肖秀梅，屈奋雄．宝石投资圣典[M]．北京：化学工业出版社，2014

[5] 肖秀梅，刘道荣．珠宝鉴赏[M]．北京：中国地质大学出版有限公司，2013

[6] 肖秀梅，刘道荣．珠宝选购[M]．北京：中国地质大学出版有限公司，2013

[7] 李江颜．人鱼的眼泪—琥珀[M]．重庆：重庆出版社，2007

[8] 肖秀梅．把玩件把握收藏[M]．北京：化学工业出版社，2011

[9] 陈夏生．溯古话今，谈故宫珠宝[M]．台湾：台湾国立故宫博物院，2013

[10] 邓燕华．宝玉石矿床[M]．北京：北京工业大学出版社，1992

[11] 肖秀梅．琥珀图鉴[M]．北京：化学工业出版社，2010

[12] 闫丽．十招教你辩琥珀[M]．江西：江西美术出版社，2014

[13] 刘道荣，肖秀梅．珠宝传奇[M]．北京：中国地质大学出版有限公司，2013

[14] 刘道荣，肖秀梅．珠宝收藏[M]．北京：中国地质大学出版有限公司，2013

[15] 杨惇杰．琥珀鉴赏[M]．北京：中国轻工业出版社，2014

[16] 肖秀梅，屈奋雄[M]．北京：珠宝玉石简易鉴定手册．化学工业出版社，2013

琥珀颜色分类表

颜色色系	类别	色调	透明度	特征
黄色系	黄色琥珀	普通黄色	透明－半透明	透明度不如金珀、明珀，颜色没有金珀亮
	金珀	金黄色	透明	颜色艳丽，透明，金灿灿色如黄金
	明珀	淡黄色	透明度高	明乃明亮之意，明珀指黄色系琥珀中透明度好，颜色淡的琥珀
	水珀	很淡的黄色	透明度高	颜色比明珀更淡的称之为水珀，颜色极为淡雅
	火珀	似火焰色	半透明	是黄色与红色之间的过度色，橘黄－橘红色、火红色或浓茶色
	棕红珀	棕褐色、棕红色	半透明	是黄色与红色之间的过度色

图例	简评
	黄色琥珀中透明的称为琥珀，不透明的称为蜜蜡。蜜蜡油润光洁，使人内心安宁，象征着信仰的期盼。
	金色的琥珀色彩雍容华贵，可以聚财，佩戴金珀可以带来财运和福气。
	如果说金珀太艳，那么明亮淡黄、透明的明珀是很多人的喜爱。性格开朗、天性率真的女性佩戴明珀更显神清、机灵、娇嫩。
	清澈如水，柔润透明，透明度高，杂质少，故得名为水珀。
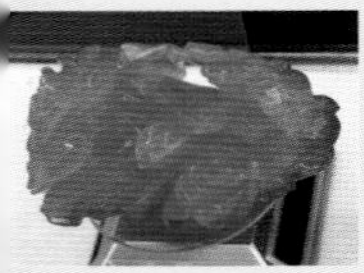	颜色似火，热情奔放。
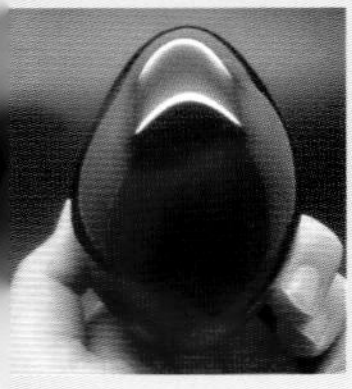	棕红珀是缅甸琥珀中最常见的品种。

颜色色系	类别	色调	透明度	特征
红色系	血珀、翳珀	红色、酒红色、深红色	半透明－不透明	颜色淡的在自然光下呈红色、颜色深的在自然光线呈深红色甚至近乎黑色，在透光照射下内部呈红色
	樱桃珀、红松脂琥珀	樱桃红色	透明－半透明	颜色类似樱桃或红松，比棕红珀更发红
蓝色系	蓝珀	有明显的蓝色荧光	透明－半透明	自然光下：各种黄色、淡蓝色、蓝色。珀在紫外线下呈蓝色
	紫罗兰琥珀	蓝紫色	半透明	颜色相对较深，内部包裹物较多，在强光下呈蓝紫色
绿色系	绿珀	淡绿色、深绿色	透明	多为淡绿色。深绿色的多见于墨西哥，市场上按蓝珀销售
	柳青珀	黄绿色	透明－半透明	黄色透明琥珀反绿光，呈现为黄绿色。在白布下为绿色，在阳光下呈现黄色泛青、泛红
白色系	白蜜蜡	白色、黄白色	半透明－不透明	蜡状光泽。由于含有大量微小气泡而呈白色
	骨珀	白色，常有黄色调	不透明	蜡状光泽不明显，白色的骨珀呈云雾状不透明，内含大量微小气泡

图例	简评
	血珀格外的艳丽，佩戴血珀能增添人的气质，促进人体血液循，滋润肌肤。具有辟邪的作用。血珀、翳珀、蜜蜡属于药珀。
	樱桃红是缅甸琥珀的特产。
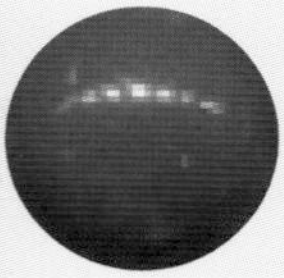	蓝精灵之珀，富有灵性，幽蓝的色泽如万千的思绪，能解开你的忧虑。多米尼加蓝珀最好。墨西哥和蓝珀多发绿色调。缅甸也有蓝珀。
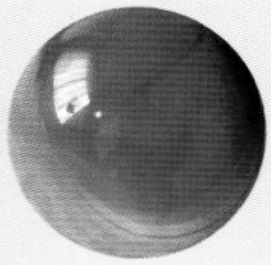	比较少见。
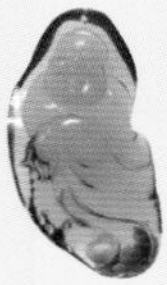	幽远意绿的绿珀，有梦幻般的意念，象征自由、奔放和希望。艳绿色的品种有假，多为染色。
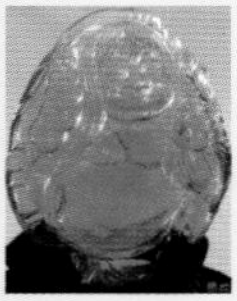	柳青珀是缅甸金珀中的一个变种。
	白蜜蜡是蜜蜡的一个品种。
	不透明，外观非常像骨头的颜色和质地。

“从新手到行家”系列丛书

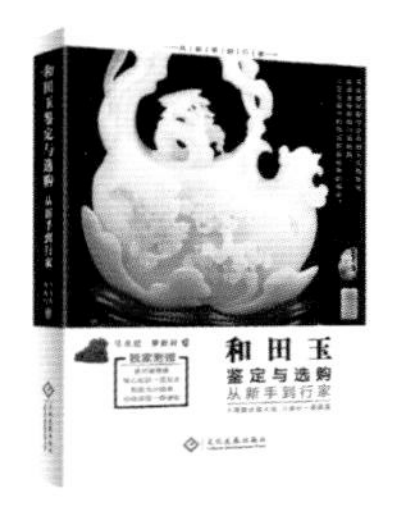

《和田玉鉴定与选购
从新手到行家》

定价：49.00 元

《南红玛瑙鉴定与选购
从新手到行家》

定价：49.00 元

《翡翠鉴定与选购
从新手到行家》

定价：49.00 元

《奇石鉴定与选购
从新手到行家》

定价：49.00 元

《碧玺鉴定与选购
从新手到行家》

定价：49.00 元

《琥珀蜜蜡鉴定与选购
从新手到行家》

定价：49.00 元

《文玩核桃鉴定与选购
从新手到行家》

定价：49.00 元

《绿松石鉴定与选购
从新手到行家》

定价：49.00 元

《白玉鉴定与选购
从新手到行家》

定价：49.00 元

《菩提鉴定与选购
从新手到行家》

定价：49.00 元

《珍珠鉴定与选购
从新手到行家》

定价：49.00 元

《欧泊鉴定与选购
从新手到行家》

定价：49.00 元

《沉香鉴定与选购
从新手到行家》

定价：49.00 元

《宝石鉴定与选购
从新手到行家》

定价：49.00 元

《手串鉴定与选购
从新手到行家》

定价：49.00 元

《紫砂壶鉴定与选购
从新手到行家》

定价：49.00 元

《蓝珀鉴定与选购
从新手到行家》

定价：49.00 元

《红木家具鉴定与选购
从新手到行家》

定价：49.00 元

图书在版编目（CIP）数据

琥珀蜜蜡鉴定与选购从新手到行家 / 肖秀梅著．— 北京：文化发展出版社有限公司，2015.9

ISBN 978-7-5142-1217-4

Ⅰ．①琥… Ⅱ．①肖… Ⅲ．①琥珀－鉴赏②琥珀－选购 Ⅳ．①TS933.23

中国版本图书馆 CIP 数据核字 (2015) 第 184965 号

琥珀蜜蜡鉴定与选购从新手到行家

著　　者：肖秀梅
出 版 人：赵鹏飞
责任编辑：肖贵平
执行编辑：孙　烨
责任校对：岳智勇
责任印制：杨　骏
排版设计：金　萍
图片提供：大地世家　艺畦坊

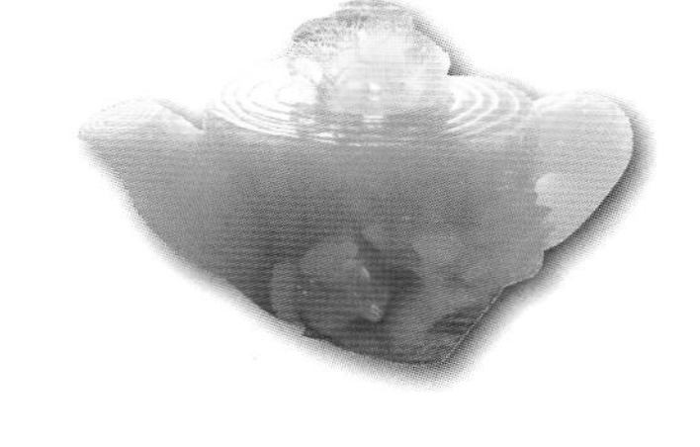

出版发行：文化发展出版社（北京市翠微路 2 号 邮编：100036）
网　　址：www.wenhuafazhan.com
经　　销：各地新华书店
印　　刷：北京新华印刷有限公司
开　　本：889mm × 1194mm 1/32
字　　数：220 千字
印　　张：7
印　　次：2015 年 9 月第 1 版　2017 年10月第 3 次印刷
定　　价：49.00 元
I S B N：978-7-5142-1217-4